Ernst Teichmann

Fortpflanzung und Zeugung

bremen
university
press

Ernst Teichmann

Fortpflanzung und Zeugung

ISBN/EAN: 9783955620424

Auflage: 1

Erscheinungsjahr: 2013

Erscheinungsort: Bremen, Deutschland

bremen
university
press

Fortpflanzung und Zeugung

von

Dr. Ernst Teichmann

Mit zahlreichen Abbildungen

Stuttgart

• Kosmos, Gesellschaft der Naturfreunde •

Geschäftsstelle: Franckh'sche Verlagshandlung

1907.

Fortpflanzung und Zeugung.

Wer einmal versucht hat, die Welt des Lebendigen zusammenfassend als ein Einziges sich vorzustellen, und dann darüber Klarheit zu gewinnen sich mühte, was es denn eigentlich sei, das diesem gewaltigen Phänomen seine Besonderheit und Auszeichnung vor dem übrigen Naturgeschehen verleiht, der wird mit unwiderstehlichem Zwange auf eines hingeführt, dem sich nichts an die Seite stellen läßt, wie sehr man auch die Vorgänge im Anorganischen durchforschen möge. Es ist die Erscheinung des Entstehens, des Vergehens und der ewigen Erneuerung der Einzelindividuen in dem ungeheuren Strom, der sich als Leben über diese Erde ergießt. Die nichtorganisierte Materie weiß davon nichts. Der Fels, der seit Jahrhunderten und Jahrtausenden an seinem Flecke liegt, bleibt dort starr, unbeweglich und unveränderlich, soweit er nicht durch mechanische Einflüsse Umgestaltungen erleidet. Über ihn mögen unausdenkbare Zeiten dahinrauschen, am Ende ist er derselbe wie zu Anfang. Und wenn er der Zerstörung durch die Mächte der Sphäre erliegt, so löst er sich in kleine und kleinste Teile auf; er verschwindet, und seine Stätte kennt ihn nicht mehr: nie aber bringt er seinesgleichen aus sich hervor. So und ähnlich verhalten sich anorganische Körper überhaupt. Und auch wenn solche Gebilde neu sich formen, so geschieht es, indem wiederum mechanische und von außen wirkende Kräfte im Spiel sind. Aber aus sich selbst heraus können sie sich nicht schaffen noch gebären.

Nun lenke sich der Blick auf die Fülle lebendiger Wesen, die unsere Erde bevölkert. Ein stetes sich Erneuern und Verjüngen der uralten, aus fernen Vergangenheiten hervorquellenden Welt organischen Seins bietet sich den sinnenden Blicken dar. Greisenalt und jugendfrisch, eisgrau und maien-

grün, das Antlitz durchfurcht von den Erlebnissen der Ewigkeit und doch blitzenden Auges voll sieghafter Kraft, so steht
es vor uns, dieses Leben, als die Blüte, mit der sich die Erde
geschmückt hat. Wohl sind Geschlechter über diesen Planeten
gezogen, von denen unsere Zeit nichts mehr weiß: sie sind
gestorben, verdorben. Mit Trauer und mit Grauen müssen
ja wir selbst zuschauen, wie eine einst mächtige und prächtige
Tierwelt unaufhaltsam ihrem Untergang entgegengeht. Der
Büffel Amerikas, der Wisent und Elch Europas und die Riesen
der afrikanischen Wildnis werden in absehbarer Zeit aufgehört haben zu existieren — gewiß ein Drama, wie es er-
schütternder keine Phantasie zu ersinnen vermöchte. Aber was
will das alles besagen im Vergleich zu dem nimmerversiegenden
Quell, aus dem in jedem Augenblick tausende und abertau-
sende von neuen Geschöpfen hervorgehen, um allsogleich die
leer gewordenen Plätze auszufüllen. Was will es heißen,
daß der Bison ausstirbt angesichts der einen Tatsache, daß
allein der Stamm der Insekten wohl mehr als zwei Millionen
Arten umfaßt, deren jede Unzahlen von Einzelwesen um-
spannt. Und was macht es aus, daß der rote Mann dem
Untergang geweiht ist, da doch das kleine Deutschland in
einem Lustrum seine Bevölkerung um über vier Millionen
durch den Überschuß der Geburten vermehrt. Im ganzen betrachtet, zeigt die lebendige Welt keine Abnahme noch Schwä-
chung: breiter und mächtiger denn je läßt sie den Strom
ihrer Geschöpfe über die Erde hinfluten.

Wie nun bewirkt sie dieses Wunder? Wie doch kommt
es, daß das organische Reich kein Altern kennt und kein Auf-
hören, daß es so ungebrochen und ungeschwächt seine Herr-
schaft behauptet, nicht zu besiegen durch alle Mächte der Zeit-
lichkeit? Ein Mittel nur ist es, dessen es sich bedient, aber
ein Mittel von großer Kraft und seltener Güte: Schild und
Schwert zugleich stellt es eine Waffe dar, mit der ausgerüstet
das Leben jeglichen Angriff abzuschlagen, immer neues Land
sich zu erobern instand gesetzt ist. Dieses kostbare, einzige
Kleinod besitzen die lebenden Wesen in der Fähigkeit, sich
fortzupflanzen, zu vermehren. Wunderbar und über alle
Maßen sinnreich ist, was wir hier gewahren. Ein Leben ent-

steht aus kleinem unscheinbarem Anfang; schwächlich und hin-
fällig scheint es und leicht zu vernichten. Nun wächst es heran, nimmt zu an Kraft und Größe, bis es die Mittagshöhe
seiner Entwicklung erreicht hat. Dann geht es abwärts, die
kaum gesammelten Kräfte lassen nach, und binnen kurzem
verlöscht die Flamme, sinkt in sich zusammen und, was übrig
bleibt, ist eine Handvoll Asche. Kurz nur sind die Tage, deren
sich die Geschöpfe dieser Erde freuen dürfen; ihnen allen ist
das gleiche Schicksal bestimmt, alle sind wie „ein Blum und
fallend Laub". Und doch, ist die Betrachtung vollständig,
die wir eben angestellt haben? Fehlt da nicht ein Zug im
Bilde? Ist es wirklich die trostlose Bestimmung lebender
Wesen, zu entstehen und zu vergehen, ohne eine Spur zu hin-
terlassen? Nein, gewiß nicht! Denn eben hier fügt sich in
den Lebensgang jenes Moment ein, dessen vorhin Erwähnung
getan wurde. Hat das Individuum eine Spanne Zeit ge-
lebt, so erreicht es miteins den Höhepunkt seines Daseins.
Nun ist es ausgewachsen und verfügt über all die Fähigkeiten,
die sein Wesen ausmachen; eine der wichtigsten aber, vielleicht die wichtigste überhaupt, besteht darin, daß es die Macht
hat, seiner eigenen Vernichtung vorzubeugen. Ein Teil seiner
selbst, Fleisch von seinem Fleisch, wird ausgesondert und rettet
das Leben hinüber in eine neue Phase. Nicht also gänz-
licher Untergang ist das Los sterblicher Wesen: jedes von
ihnen birgt ein Unsterbliches in sich, ein ewiges Teil, das
alle Zeiten zu überdauern die Kraft hat.

Ein überaus reizvoller Anblick und auch, wenn man will,
ein tröstlicher Gedanke ist das. Leben ist zyklisches Geschehen.
Wo auch immer wir es anzuschauen beginnen, stets werden
wir in einen Kreislauf eingeführt: hier wird ein Wesen in
die Welt geboren und alsbald bringt es aus sich selbst Ausgangspunkte neuen Lebens, Keime frischen Daseins hervor;
und wiederum jeder einzelne von diesen tritt sogleich in die
Fußstapfen seines Vorfahrs und händigt die wertvolle Gabe
denen ein, die sie weitergeben und bewahren. So zieht sich
Leben hin durch die unabsehbare Folge der Generationen,
und das einzelne Wesen, das wir mit Unrecht nur ein Unteil-
bares, ein Individuum nennen, ist nichts als das vergäng-

liche Gefäß, das bestimmt ist, den kostbaren Inhalt eine kleine Weile zu beherbergen.

Wer in dieser Weise seinen Blick über die lebenden Wesen hingleiten läßt, dem wird freilich die Bedeutung des Einzelnen stark entwertet erscheinen. Das ist für uns Menschen, die wir ja uns selbst, unsere eigene Person zum Maß aller Dinge zu machen gewohnt und gezwungen sind, schmerzlich. Wir legen dem, was wir die Persönlichkeit nennen, dem Ich, der „Seele" jedes Einzelnen eine überragende Bedeutung bei. Religiöse und philosophische Vorstellungen haben dabei die Hand im Spiele, und es kann hier nicht versucht werden, darüber ein Urteil abzugeben, wie weit solche Bewertung berechtigt ist. Aber eines darf der Naturforscher mit Nachdruck und Entschiedenheit in Anspruch nehmen, daß nämlich die oben skizzierte Betrachtungsweise, die unter möglichster Absehung von den besonderen Ansprüchen des Menschen das Große und das Ganze der lebenden Natur ins Auge faßt, nicht außer acht gelassen werde. Naturwissenschaftlich angesehen, ist nun einmal der Mensch nur ein Glied in einer langen Kette, und was für die anderen Geschöpfe gilt, muß auch auf ihn Anwendung finden dürfen. Und vielleicht bildet gerade die uns von der Naturwissenschaft aufgezwungene Erkenntnis von der nur relativ zunehmenden Bedeutung des Individuums ein wertvolles Korrektiv gegen die hochgespannte, um nicht zu sagen überspannte Schätzung des Wertes der einzelnen Persönlichkeit, die ein so hervorstechendes Merkzeichen unserer Kulturepoche ist.

Doch es ist nicht die Aufgabe, die diesem Büchlein gestellt ist, solchen weitausschauenden Gedanken nachzusinnen. Was sich uns, indem wir die Welt des Organischen anschauen, machtvoll und nachdrücklich aufdrängt, ist die alles andere organische Geschehen überragende Bedeutung des Phänomens der Fortpflanzung. Es wäre durchaus eine Übertreibung nicht, wenn behauptet würde, daß alle Einrichtungen, mit denen das Einzelwesen ausgestattet ist, im tiefsten Verstande in diesen Vorgang ausmünden, in ihm ihren eigentlichen Zweck haben: in letzter Linie dienen sie immer der Erhaltung und Weitergabe des Lebens von einer Generation auf die andere. So bedarf es denn kaum eines Rechtfertigungsversuches, wenn es hier unternommen werden soll, einen weiteren Kreis von dem zu berichten, was die Wissenschaft über Fortpflanzung und Vermehrung der Organismen erforscht hat. Es muß ja für jeden, der der Natur Liebe und Interesse entgegenbringt, einen besonderen Reiz haben, von Vorgängen etwas zu erfahren, die so tief in das Leben der Organismen und damit auch des Menschen eingreifen, daß ohne ihre Kenntnis ein wirkliches Verstehen und Begreifen ihrer Eigentümlichkeit nicht möglich ist.

*　　*　　*

An den Wurzeln des Lebensbaumes, dort, wo sich pflanzliche und tierische Wesen noch nicht streng scheiden lassen, findet der Forscher allemal jene Einfachheit des Geschehens, ohne deren Kenntnis ihm die Kompliziertheit höherer Formen ein schwer zu entwirrendes Chaos bliebe. Wir steigen also zu diesen tieferen Regionen hinab und versuchen zunächst ein Bild davon zu gewinnen, wie die einfachsten, die einzelligen Lebewesen, Protophyten und Protozoen, es anfangen, ihre Art fortzupflanzen. Wer solch ein Wesen eine Zeitlang unter dem Mikroskop verfolgt, der wird unfehlbar einmal mit eigenen Augen beobachten können, wie das geschieht. Da streckt sich der Mikroorganismus ein wenig in die Länge, und binnen kurzem fällt er in zwei Stücke auseinander. So sind aus einem Wesen zwei geworden, die sich nun in nichts von dem unterscheiden, was vorher war, denn auch den geringen Größenunterschied gleichen sie alsbald völlig aus.

Das ist die einfachste Vermehrungsweise, die die organische Welt kennt: die Vermehrung durch Zweiteilung. Sie ist bei den Protisten weit verbreitet. Unter Bakterien, Kokken, Algen, Pilzen und in fast sämtlichen Unterabteilungen der Protozoen findet man sie. Freilich kompliziert sie sich im Detail, je feiner der Körper der in Betracht kommenden Art ausgestaltet ist. Denn auch diese primitiven Formen des Lebens treten nicht in monotoner Gleichförmigkeit auf. Zwar haben sie einen Grundzug gemein: sie alle bestehen aus nur einer Zelle. Es ist bekannt genug, daß die Zelle als

Elementarorgan der lebenden Wesen betrachtet wird. Für jedes von ihnen bildet sie gleichsam die Form, in die das Material gegossen wird, aus dem sie sich aufbauen. Zellen haben verschiedene Gestalt; rechteckige, kugelige oder auch ganz unregelmäßige Formen kommen vor. Immer aber repräsentiert sich ihr Inhalt nicht als homogene Masse, sondern läßt gewisse Differenzierungen deutlich hervortreten: Der Zellkern ist der wichtigste und konstanteste unter ihnen. Er erscheint meistens als kugeliger Körper, hebt sich etwa wie ein helles Bläschen aus seiner Umgebung heraus. Diese wiederum ist aus einer Substanz gebildet, die von der Wissenschaft als Cytoplasma bezeichnet wird. So unterscheidet sich an jeder Zelle Zellkörper und Zellkern; man faßt sie unter dem Begriff des Protoplasmas zusammen, das den Grundstoff darstellt, an den alles Leben gebunden ist. Höhere Tiere und Pflanzen sind aus vielen, ja aus zahllosen Zellen zusammengesetzt; in unsern Protisten aber ist die Zelle selbständig und unabhängig geblieben; jedes dieser Wesen besteht aus einem einzigen dieser organischen Elemente.

Nur wenige Protisten lassen eine Differenzierung ihres Körpers gänzlich vermissen, die nicht weiter ginge, als die in Zelleib und Zellkern. Meist finden sich eine kleinere oder größere Zahl von besonderen Ausgestaltungen, Organellen und Einlagerungen, deren Vorhandensein dem jeweiligen Wesen sein Charakteristikum verleiht. So besitzen manche Protisten eine besondere Stelle für die Nahrungsaufnahme, also eine Art Mundöffnung; andere haben eine pulsierende Vakuole ausgebildet, durch deren Tätigkeit verbrauchte Stoffe aus dem Körper entfernt werden; viele sind durch einen Besatz feiner protoplasmatischer Wimpern ausgezeichnet, die zur Fortbewegung dienen; wieder andere haben ihren zarten Leib durch eine harte Schale zu schützen gewußt. So sind Einrichtungen entstanden, die diesen einfachen Wesen eine Mannigfaltigkeit der Gestalt verleihen, die im Reiche der höheren Organismen kaum überboten wird. Ganz selbstverständlich ist es, daß mit der komplizierteren Form des Körpers auch der Vorgang der Teilung verwickelter wird. Bei gewissen Protozoen spielen sich schon Geschehnisse ab, deren Ineinandergreifen und Zusammenwirken eine Andeutung und einen Hinweis künftiger höherer Entwicklung enthalten. Ein verhältnismäßig einfaches Beispiel bildet Euglypha alveolata. Dieses Tierchen besitzt eine zierliche Schale; sie ist aus einzelnen Kieselplättchen zusammengesetzt, die sich wie Dachziegel übereinander legen (Abb. 1a). Wenn sich nun ein Tier teilen will, so läßt es zuvor in seinem Innern eine Anzahl solcher Plättchen entstehen, die sich um den Kern herum gruppieren. Nun strömt aus der Schalenöffnung so lange Protoplasma, bis die ausgetretene Menge der im Innern zurückgebliebenen gleich ist. Die Schalenplättchen wandern dabei in das herausquellende Plasma und werden von diesem an die Oberfläche befördert, wo sie sich wieder in der beschriebenen Weise anordnen (Abb. 1b). Inzwischen hat sich der Kern in zwei geteilt, der eine davon gleitet in die Neubildung hinüber; auch eine kontraktile Vakuole bildet sich in jeder Hälfte. Nun bleiben Mutter und Tochter noch eine Zeitlang, Schalenöffnung gegen Schalenöff-

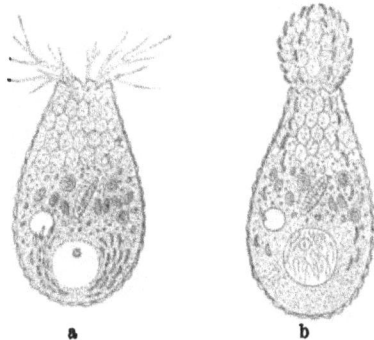

Abb. 1. Euglypha alveolata.

nung, in Verbindung, endlich lösen sie sich voneinander und leben nun als selbständige Individuen fort, bis jedes von ihnen zu einer neuen Zweiteilung schreitet. So geht es in alle Ewigkeit fort, Generation folgt auf Generation, ohne daß jemals eine Unterbrechung einträte.

Diese Betrachtung hat nun auch für eine Vermehrungsart Geltung, die im Reiche der Urorganismen ebenfalls häufig zu beobachten ist. Man nennt sie Zerfallteilung oder auch Sporulation. Nehmen wir ein einfaches Beispiel, durch das sofort klar werden wird, um was es sich handelt. Es gibt eine Amöbenart, die den Namen Paramoeba eilhardi trägt. Dieses Wesen stellt es folgendermaßen an, sich fortzupflanzen. Es kugelt sich ab, umgibt sich mit einer gallertigen Hülle, Cyste genannt, und läßt nun den Kern in zahlreiche kleine Stücke zerfallen. Um jedes von ihnen sammelt sich eine kleine Portion Protoplasma, so daß der ganze Inhalt des encystierten Tierchens in eine Menge Teilchen zerfällt, deren jedes einen winzigen Kern in sich schließt. Nun wird die Hülle gesprengt und man gewahrt, daß jedes der Teilstücke inzwischen zwei Geißelhaare (Flagellen) ausgebildet hat, mit deren Hilfe es in die Umgebung hinausschwärmt. Diese kleinen Fortpflanzungskörper, die natürlich nur aus einer einzigen Zelle bestehen, heißen Sporen, und der Vorgang, der zu ihrer Produktion führt, wird daher als Sporulation bezeichnet. Sporen können nun entweder direkt, oder nachdem sie einige Zweiteilungen durchgemacht haben, in den Zustand übergehen, in dem sich das Muttertier zu Anfang des Prozesses befand: sie fallen zu Boden, verlieren ihre Geißeln, wachsen heran und beginnen wie Amöben umherzukriechen.

Aber der Fortpflanzung durch Sporen kommt eine weit größere Bedeutung für die organische Welt zu, als bisher hervortrat. Die Pflanzen sind es, bei denen sie außerordentlich weit verbreitet ist. Alle Pflanzen bilden Sporen. Die höheren Gewächse freilich, die Phanerogamen, bedienen sich dieser Gebilde nicht mehr direkt zu ihrer Vermehrung; diese ist vielmehr den aus der Sporengeneration hervorgehenden Samenanlagen anvertraut. Dagegen ist es ein Charakteristikum aller niederen Pflanzen, der Kryptogamen, daß sie sich durch einzellige Sporen fortpflanzen; daher werden sie auch geradezu als Sporenpflanze oder Sporophyten bezeichnet. In der Art, wie im einzelnen die Sporen gebildet werden, herrscht größte Mannigfaltigkeit. Es kann hier davon abgesehen werden, darauf im einzelnen einzugehen. Beispielshalber sei angedeutet, wie der Schimmelpilz (Mucor mucedo) seine Sporen bildet. Aus den feinen zierlichen Verästelungen seiner Fäden, des Mycels, erheben sich einzelne dickere Schläuche, deren Enden kugelig aufgetrieben erscheinen. Diese Gebilde nennt man Sporangien (Abb. 2a). Ihr Plasma zerfällt durch kontinuierliche Zweiteilungen in zahlreiche kleine einzellige Körperchen, eben die Sporen, die dann den Behälter, dessen Hülle platzt, verlassen und die Ausgangspunkte für neue Pilze abgeben (Abb. 2b). Noch sei, weil es sich um eine Erscheinung handelt, die jeder leicht zu Gesicht bekommt, auf die Farne aufmerksam gemacht. Auf der Unterseite ihrer Blätter sind oft kleine bräunliche Knoten zu sehen. Man nennt sie Sori; sie sind nichts anderes wie eine Vereinigung von Sporangien, von denen jedes eine Anzahl Sporen enthält, Zellen also, die der Fortpflanzung dieser Gewächse dienen.

Zweiteilung und Zerfallteilung scheinen, wenn man sie miteinander vergleicht, sich nicht prinzipiell zu unterscheiden. Man möchte sagen, es handle sich im zweiten Fall nur um eine Zusammenfassung mehrerer Zweiteilungen. Sehen wir von den mehrzelligen Pflanzen ab und beschränken uns auf die Ein-

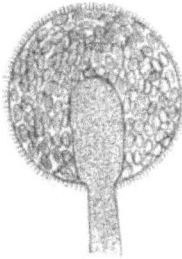

Abb. 2a. Mucor mucedo.
Sporangium.

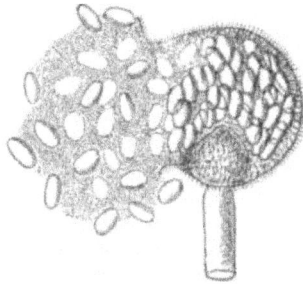

Abb. 2b. Mucor mucilagineus.
Sporangium, das seine Sporen entleert.

zeller, so bleibt schließlich als hervorstechendstes Unterscheidungsmerkmal übrig, daß die Produkte der Zweiteilung dem Mutterorganismus von Anfang an in höherem Grade ähneln, als es Sporen tun. In diesem Punkte steht die dritte Art der Fortpflanzung, die bei Protozoen vorkommt, der Zerfallteilung näher als der Zweiteilung, im übrigen aber finden sich bei ihr Züge beider Vermehrungsarten in charakteristischer Weise modifiziert wieder.

Als Knospung wird bezeichnet, wovon nun die Rede sein soll. Ein kleines fest sitzendes einzelliges Wesen, das zur Gruppe der Suctoria oder Sauginfusorien gehört — sie heißen so, weil sie mittels feiner Fortsätze ihre Beute an sich saugen — läßt aus seinem Leibe eine kugelige Bildung hervorgehen, die sich mit Wimpern bedeckt, von der Mutter loslöst, davon-

schwimmt, zu Boden sinkt, die Wimpern verliert, sich fest-
setzt und zum Ebenbilde des Muttertieres heranwächst: das
ist der einfachste Fall einer Fortpflanzung durch Knospung.
Er ist selten. Häufiger entstehen statt der einen mehrere
Knospen zu gleicher Zeit. Noctiluca miliaris gehört zu den
Organismen, die durch ihre Phosphoreszenz das Phänomen
des Meeresleuchtens hervorrufen. Zu Millionen bedeckt sie zu
gewissen Zeiten die Oberfläche des Wassers, das dann aus
flüssigem Gold zu bestehen scheint. Dieses Tierchen vermag
wohl fünfhundert Knospen zu erzeugen, deren jede eine Geißel
entwickelt und davonschwärmt.

Knospenbildung tritt noch in anderer Form auf, und
in ihr drückt sich, wenn man einen vergleichenden Blick
auf höhere Organismen wirft, ein bedeutungsvoller Fortschritt aus. Nicht mehr außen an der Oberfläche vollzieht sich
die Gestaltung des Neuen, jetzt wird sie in innigeren Zusammenhang noch mit dem mütterlichen Leibe gebracht: in
seinem Innern, gegen die Fährlichkeiten der Umgebung ge-
schützt, vollzieht sich die Anlage des jungen Wesens. Das
geschieht bei Tocophrya quadripartita, einem Sauginfusor, wie
folgt: Das Tierchen hat etwa die Gestalt einer umgekehrten
Pyramide. In der Mitte der nach oben gekehrten Fläche
bildet sich zunächst eine kleine Einsenkung, die sich allmählich
nach innen vertieft und erweitert, wobei sich die Öffnung
nach außen verengt. Im weiteren bringt die Aushöhlung in
der Weise vor, daß sie aus dem Innern des Tierchens eine
Portion herausschält: das ist die Knospe, die also an ihrer
Basis noch mit dem Muttertiere in Verbindung steht. Nun
wächst an der Knospe eine Bewimperung hervor, dann teilt
sich der Kern des Muttertieres, und der eine der beiden Tochterkerne rückt in die Knospe hinein. Damit ist diese soweit
ausgebildet, daß sie sich von der Mutter loslösen kann: die
Öffnung des Brutraums erweitert sich, und das junge Individuum schlüpft aus, indem es bei seinen Befreiungsver-
suchen durch Kontraktionsbewegungen des Muttertieres kräftig
unterstützt wird. Hier ist es nur ein Wesen, das durch innere Knospung ins Leben gerufen wird; es sind aber andere
Protozoen beobachtet worden, die eine ganze Anzahl junger

Individuen zu gleicher Zeit in ihrem Körper tragen, dann spricht man von multipler Knospung.

Was soeben von ganz einfachen, einzelligen Wesen beschrieben worden ist, findet sich auch bei Organismen, die aus vielen Zellen bestehen und demgemäß höher entwickelt sind. Jeder kennt den kleinen Süßwasserpolypen, der unsere stehenden Gewässer bevölkert. Wer die Hydra in Zuchtgläsern hält und ihr reichliche Nahrung zuführt, der wird an vielen Individuen folgendes beobachten können. An dem unteren Teile ihres Körpers tritt eine kleine Vorwölbung auf, die stärker und stärker wird und nach einiger Zeit ganz deutlich schon die Gestalt einer kleinen Hydra annimmt: es entsteht am distalen Ende eine Mundöffnung, und um sie herum wachsen die Fangarme aus der Körperwand heraus. Es kommt vor, daß an demselben Muttertiere drei solcher Knospen sitzen, die aber stets in verschiedenen Stadien der Ausbildung angetroffen werden, so daß der ganze Vorgang gewissermaßen in Etappen zerlegt auf einmal betrachtet werden kann. Wenn die Knospe eine bestimmte Größe erreicht hat, schnürt sie sich von der Mutter ab, fällt zu Boden, setzt sich dort fest und stellt jetzt ein neues selbständiges Individuum dar. Auf diese Art vermehrt sich Hydra, solange sie reichlich Nahrung findet, fort und fort: sie läßt ihre Jungen aus ihrem Leibe hervorsprossen, wie ein Baum seine Äste treibt (vgl. die Abbildung auf S. 89).

In der Tat hat der eben beschriebene Vorgang etwas an sich, das unwillkürlich Geschehnisse ins Gedächtnis ruft, die bei Pflanzen ganz gewöhnlich sind. Weide und Pappel vermehren sich, wenn man Zweige in geeigneter Weise lostrennt und in die Erde steckt; sie treiben Wurzeln und bilden eine neue Pflanze. Freilich wird die Fortpflanzung durch „Stecklinge" künstlich herbeigeführt; ohne das Eingreifen des Menschen würde sie nicht zustande kommen. Aber im Prinzip ist sie der Hydra-Knospung gleichwertig. Und es gibt andere Beispiele pflanzlicher Vermehrung, bei denen menschliche Tätigkeit aus dem Spiele bleiben kann: Die Erdbeere läßt lange Triebe, Ausläufer, aus sich hervorgehen, an deren Ende neue Pflänzchen entstehen, die sich bewurzeln und auf diese

Weise für Vermehrung der Art sorgen. Ähnlich liegen
die Verhältnisse bei der Kartoffelpflanze; sie treibt unter-
irdische Sprosse, deren Enden sich verdicken und zu
Knollen werden; die „Augen" solcher Knollen sind nichts
anderes wie Knospen, aus deren jeder eine neue Pflanze entstehen kann. Auch Zwiebelgewächse vermehren sich in einer
Weise, die der der Hydra nahe verwandt erscheint. Sie produzieren ober- oder unterirdisch, in ihren Blütenständen oder
zwischen den Schalen ihrer Zwiebeln, kleine Gebilde, die als
Brutzwiebeln bezeichnet werden und der Vermehrung der
Pflanzen dienen. Ja, es gibt
einige wenige Gewächse, bei
denen statt Blüten vollstän-
bige kleine Pflanzen mit
Blättern und Würzelchen
hervorsprießen, die sich dann
von der Mutterpflanze loslösen und selbständig werden.
Solche Vermehrung durch
Knospung ist nun aber nicht
auf Hydra und auf Pflan-
zen beschränkt. Im Reich der
vielzelligen Tiere ist sie
durchaus so selten nicht. Selbst
bei verhältnismäßig hochentwickelten Formen ist sie an-

Abb. 8. Myrianida fasciata.
Durch die Buchstaben wird das Alter
der Tiere kenntlich gemacht.

zutreffen. Es sei nur auf folgendes noch verwiesen: Die
Ringelwürmer oder Anneliden nehmen im Würmerstamm die
höchste Organisationsstufe ein. Zu ihnen gehören so gewöhnliche
Formen wie der Regenwurm und der Blutegel. Von jenem ist
bekannt, daß er, in zwei Stücke geschnitten, imstande ist, beide
Teile zu lebensfähigen Individuen zu ergänzen. Das könnte
gleichsam als Erinnerung, als Überbleibsel aus einer Zeit betrachtet werden, da dieses Tier die Fähigkeit hatte, einen Teil
seines Körpers als Junges von sich abzulösen. Aber auch ganz
normalerweise pflanzen sich Würmer dadurch fort, daß sie
neue Individuen wie Knospen aus ihrem Körper hervorgehen
lassen. Sie bilden, indem sie am hinteren Ende lebhaft wachsen,

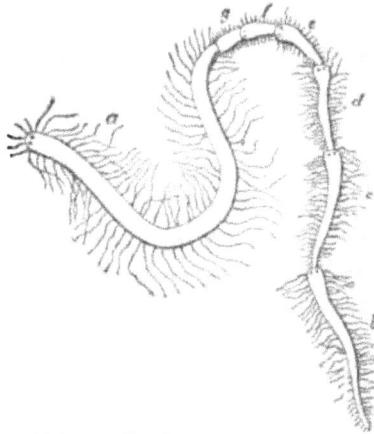

Glieder, die sich in Gruppen von dem Muttertiere ablösen. So gibt es einen merkwürdigen Wurm, namens Myrianida fasciata, der ganze Ketten von Jungen aus seinem hinteren Ende hervorsprossen läßt; das äußerste, am weitesten von dem Körper der Mutter entfernte Individuum ist zuerst entstanden und demgemäß am ältesten; je näher dann die Glieder dem sich fortpflanzenden Tiere liegen, desto jünger werden sie (Abb. 3).

*　*　*

Solcher Beispiele ließen sich nun noch viele anführen. Aber das Bild, das sich dem Leser böte, gewänne dadurch keine wesentlich neuen Züge. Es wäre im Prinzip immer wieder dasselbe, nur nach der Form des betrachteten Organismus in nebensächlichen Einzelheiten verändert. Lohnender ist es, hier ein wenig still zu stehen und im Rückblick auf das bisher Dargebotene einige allgemeine Fragen zu berühren.

Die Natur ist immer und überall reich an Formen und Mitteln. Wie die organische Welt selber eine unübersehbare Menge von Gestaltungen umschließt, so sind auch die Wege überaus mannigfaltig, die den Geschöpfen offen stehen, damit sie ihren Zweck erfüllen, der in nichts anderem besteht, als daß sie leben. Fortpflanzung und Vermehrung sind ohne Zweifel die wichtigsten Mittel, die den Organismen im Dienste des Lebens zur Verfügung stehen. Wer aber die jeweilige Art der Fortpflanzung mit Rücksicht auf das Lebewesen betrachtet, bei dem sie auftritt, der wird immer finden, daß sie den besonderen Verhältnissen seines Körpers oder seiner Lebensweise genau entspricht. Auf diese Tatsache braucht nur hingewiesen zu werden, um sie sofort verständlich werden zu lassen: jedes der angeführten Beispiele dient zu ihrer Illustration. Die Wissenschaft begnügt sich nun aber nicht damit, die Mannigfaltigkeit der Erscheinungen erkennen zu lassen; sie zählt nicht nur auf und stellt nebeneinander. Ihre höhere Aufgabe sieht sie darin, das Wesentliche aus den Naturgeschehnissen herauszufinden und so zu Gesetzmäßigkeiten vorzudringen, denen allgemeinere Gültigkeit zukommt. Ein Werkzeug, dessen sie sich zur Erreichung dieses Zieles bedient, ist die Verglei-

chung. Nicht die Einzelerscheinung für sich allein betrachtet
erteilt ihr ergiebigste Auskunft. Erst wenn sie den Blick
über das, was links und rechts steht, hinschweifen läßt und
nach dem Gemeinsamen forscht, fördert sie tiefere Erkenntnis
zutage.

So werden denn auch die verschiedenen Formen, unter
denen sich Fortpflanzung uns vor Augen stellte, vergleichen-
der Prüfung zu unterwerfen sein, und es wird sich fragen,
ob sie nicht, abgesehen von dem Zweck, der durch sie erreicht
wird, eine Gemeinsamkeit besitzen, durch deren Klarstellung
unser Verständnis gefördert würde. Ohne Zweifel läßt eine
vergleichende Betrachtung der verschiedenen, bisher skizzierten
Fortpflanzungsmodi einen Zug erkennen, der immer wieder-
kehrt, wohin wir auch unsern Blick wenden. Im letzten Grunde
geht jede Fortpflanzung auf e i n e Zelle zurück. Für die
einfachen Verhältnisse der Zweiteilung leuchtet dieser Satz unmittelbar ein. Aber auch in den komplizierteren Fällen, in
denen viele Zellen auf einmal entstehen — der Leser er-
innere sich etwa an Paramoeba oder die Sporen der Kryptogamen — ist es jedesmal eine einzige Zelle, die den Aus-
gangspunkt für das neue Individuum bildet. Jedes der Produkte einer Zerfallteilung ist ja nichts anderes wie eine Zelle,
und das gleiche gilt für jede Spore; und jedes dieser Gebilde
hat die Fähigkeit, ein neues, dem Mutterorganismus gleiches
Wesen aus sich hervorgehen zu lassen. Hier kann freilich
eingewendet werden, bei vielzelligen Organismen, die sich durch
Knospung vermehren, treffe der angeführte Satz doch wohl
nicht zu; da seien es ja vielzellige Gebilde, durch die sich die
Individuen fortpflanzten. Es ist aber nötig, soll die Frage
gründlich angefaßt werden, über das, was sich auf den ersten
Blick zu erkennen gibt, hinaus vorzudringen. Dann zeigt
sich, daß auch die Hydra-Knospe, die aus vielen Zellen besteht,
auf e i n e letzte Zelle zurückgeführt werden kann, aus der
sich alle andern durch Teilung herleiten lassen. Und ebenso
steht es in den andern hierher gehörenden Fällen. Auch die
Produkte der vielzelligen Organismen, von denen die Rede
war, sind einmal im Zustande der Einzelligkeit gewesen, und
F o r t p f l a n z u n g ist zuletzt nichts anderes wie Zelltei-

lung, denn jede Zelle geht aus einer hervor, die vor ihr gewesen ist, nach Rudolf Virchows berühmten Satz: omnis cellula e cellula.

Die Zelle, die sich in zwei teilt, produziert im allgemeinen zwei Gebilde, die sich gleichen. Es ist nicht weiter erstaunlich, daß eine Amöbe, indem sie sich teilt, zwei Amöben das Leben gibt. Wie sollte es anders sein? Aber schon bei der Zerfallteilung wird diese Selbstverständlichkeit aufgehoben. Denn hier gleichen die Teilungsprodukte dem Wesen, aus dem sie entstanden, weder in der Größe noch in der Form. Es vergeht vielmehr eine gewisse Zeit, bis dies erreicht ist, und während dieser Zeit entwickeln sich die Fortpflanzungskörper, bis sie zum Ebenbilde des Mutterorganismus herangewachsen sind. Auffälliger noch als bei einzelligen Wesen tritt dieses Geschehen an höheren Organismen hervor; am meisten frappiert es dort, wo aus der einfachen kleinen Zelle ein prächtiges Gebilde wird, wie es bei Pflanzen geschieht. Warum wird aus dem Fortpflanzungskörper, der doch seiner Mutter so wenig ähnelte, im Laufe der Zeit ganz zwangsmäßig ein Individuum, das in allen wesentlichen Zügen dem gleicht, aus dem es einst entsprang? Muß die kleine Knospe, die am Hydra-Leib zunächst so formlos und ungegliedert, hervortrat, notwendigerweise eine Hydra werden? Was ist sie denn anderes als ein Haufen von Zellen, die eine aus der anderen entstanden, indem sich Teilung auf Teilung folgte? Warum ordnen sich diese Elemente zu einer Form, bauen sich auf zu einem wohlgegliederten Ganzen? Mit solchen Fragen stoßen wir auf das Problem der organischen Formbildung, eines der tiefsten und schwersten Probleme der Biologie. Die Faktoren aufzuzeigen, unter deren Einfluß und Wirkung die Entwicklung der Gestalt vor sich geht, ist eine der großen Aufgaben, die der Lebenskunde zu lösen noch vorbehalten sind. Bisher hat sie es nicht über bescheidene Ansätze hinausgebracht, und unter den Forschern ist selbst über die Grundfragen noch kaum Einigkeit erzielt. Es muß in diesem Zusammenhang genügen, auf die Frage hingewiesen zu haben. Daß sie in das Gebiet der Vererbung hineinführt, ist ja ohne weiteres klar. Sie wird denn auch, wenn diese Probleme zur Behandlung kommen, wieder auftauchen und ein gründliches Eingehen verlangen.*)

Auf eines noch sei hier hingedeutet. Wer einmal den Vorgang beobachtet hat, wie aus dem kleinen Süßwasserpolypen ein Junges hervorsproßt, dem wird sich die unverkennbare Analogie zu dem Prozeß des W a c h s e n s aufgedrängt haben. In der Tat liegt hier mehr als eine bloß äußerliche Ähnlichkeit vor. Alle organischen Wesen sind an bestimmte Körperverhältnisse gebunden. Es gibt Organismen, die eine sehr beträchtliche Größe erreichen und unter den ausgestorbenen Formen waren manche so riesenhaft, daß wir Menschen dieser Erdperiode sie uns nur mit einem gewissen Grauen vorstellen können. Jedes dieser Wesen ist herangewachsen; es war nicht von vornherein so, wie es nachher erschien. Zellteilung reihte sich an Zellteilung in unabsehbarer Folge. So dehnte sich der Körper im Laufe der Jahre zum gewaltigen Koloß. Aber dann vergrößerte er sich nicht weiter, er hatte sein Maß erreicht, war ausgewachsen. Und doch bedeutete das keinen Stillstand; der Reichtum und die Kraft seines Leibes produzierte immer aufs neue jene Zellelemente, aus denen Organisches sich aufbaut. Was sollte der Körper mit diesem Überfluß anfangen, wo sollte er ihn aufstapeln, da doch sein Raum und Rahmen keine Ausdehnung mehr zuließen? Waren aber die Grenzen erreicht, über die sein Individuum nicht hinauswachsen durfte, dann blieb nichts übrig, als daß es seinen Überfluß irgendwie außerhalb des Zusammenhangs seines Körpers zur Verwendung brachte. Das geschah, indem ein neuer Organismus geschaffen wurde, bei dessen Aufbau nun das überschüssige Material des alten verbraucht wurde. So wuchs der eine Leib gleichsam über sich hinaus zu einem zweiten heran. Bleibt dabei der Zusammenhang zwischen Mutter und Töchtern intakt, so entstehen jene Kolonien und Stöcke, die oft tausende von Einzelwesen umfassen, wie es

---

*) Das Phänomen der Vererbung soll nach dem Wunsche des Verlags in einem weiteren Kosmos-Bändchen in größerer Ausführlichkeit dargestellt werden. Diese Fragen schließen sich unmittelbar an die der Fortpflanzung an, so daß das vorliegende kleine Buch auch als Einführung in das folgende zu betrachten ist.

die Korallentiere und die meerbewohnenden Hydroidpolypen
tun. Wird dagegen die Verbindung zwischen dem ursprünglichen Wesen und den aus seinem Leibe heraustretenden Zellen
gelöst, so entsteht ein Neues, von dessen Beziehung zum Muttertier sehr bald nichts mehr zu entdecken ist. Der Zusammenhang zwischen Ursprünglichem und Neuem kann früher oder
später aufgehoben werden; je nachdem erscheint das zweite
Individuum zunächst als einfache Zelle oder als unter Umständen schon weit entwickelter Organismus. Immer aber
verdankt die neue Generation dem Umstande ihre Existenz,
daß sich die alte über die Grenze ausdehnen mußte, die ihrem
Körper gesetzt war. In diesem Sinne kann die Fortpflanzung als ein Wachstum über das individuelle
Maß hinaus bezeichnet und gedeutet werden.

* * *

Was dem Leser berichtet wurde, hat seine Gültigkeit und
Bedeutung auch für das Gebiet, das zu betreten er nun im
Begriffe steht. Gewiß mußte manches von dem bisher Dargestellten dunkel bleiben; da und dort tauchten Fragen auf,
die noch der Beantwortung zu harren haben. Aber im ganzen
waren es doch leicht übersehbare und verständliche Vorgänge,
aus denen sich einige bestimmte und für die prinzipielle Er-
fassung des Problems der Fortpflanzung fruchtbare Gesichts-
punkte gewinnen ließen. Von jetzt ab werden es kompliziertere Verhältnisse sein, deren Aufklärung versucht werden soll.
Die Einheitlichkeit und Geschlossenheit der bisherigen Frage-
stellung löst sich auf; wir werden gezwungen, einem Phänomen unsere Aufmerksamkeit zu schenken, das sich kaleidoskop-
artig verändert, je nachdem wir den Ort wechseln, von dem
aus wir es betrachten.

Es wird aufgefallen sein, daß bis zu diesem Punkte niemals von dem Gegensatz der Geschlechter die Rede
gewesen ist, der doch bei den Vorgängen, um die es sich hier
handelt, eine so überaus wichtige und tief greifende Rolle
spielt. In der Tat werden alle dargestellten Vermehrungsarten unter den Begriff der ungeschlechtlichen oder vegetativen
Fortpflanzung zusammengefaßt: es hätte keinen Sinn, das

Wort Geschlecht hier auch nur auszusprechen. Aber nun taucht die in diesem Begriffe beschlossene Frage empor und heischt Antwort. Die ganze höherentwickelte Organismenwelt ist ja von dem Gegensatz der Geschlechter beherrscht. Überall drängt er sich hervor und beweist, welch ein gewaltiger Faktor er ist, welch starke Wirkungen von ihm auf das Leben der organischen Wesen ausgeübt werden. Wie also steht es mit der geschlechtlichen Differenzierung der lebenden Wesen, und was hat sie mit deren Fortpflanzung zu tun?

Eines ist ohne weiteres klar. Viele Organismen können, um sich zu vermehren, des Zusammenwirkens zweier geschlechtlich differenter Individuen nicht entbehren. Aber auch das Umgekehrte gilt: viele Organismen vermögen sich zu vermehren, ohne daß zwei Individuen verschiedenen Geschlechts dabei in Tätigkeit treten. Daraus scheint schon mit Notwendigkeit zu folgen, daß die Scheidung der Individuen in männlich und weiblich nicht im Interesse ihrer Vermehrung geschehen ist. Ein anderer Zweck wäre für die Erscheinung der Geschlechtlichkeit aufzusuchen. Aber wie und wo ist er zu finden?

Wiederum beginnen wir unsere Nachforschungen dort, wo uns einfachste Verhältnisse entgegentreten, bei den einzelligen Wesen. Vielleicht weisen sie uns den Weg. Der eine oder andere möchte sich wohl darüber wundern, daß diese primitiven Organismen über eine Frage vernommen werden sollen, die doch erst bei höherentwickelten Formen auftaucht. Existieren denn überhaupt männliche und weibliche Protozoen? Sind sie nicht vielmehr alle ganz gleich gebildet, ein Individuum das Ebenbild des andern? Wie sollte es möglich sein, dort etwas über das Problem des Geschlechtlichen zu erfahren, wo es Geschlechter noch gar nicht gibt, wo männlich und weiblich Begriffe sind, die sich überhaupt nicht anwenden lassen? Denn das ist richtig, unter den Protozoen existieren weder Männchen noch Weibchen. Allein damit ist durchaus keine Entscheidung darüber getroffen, ob es hier nicht etwa Geschehnisse gibt, die als geschlechtlich betrachtet werden müssen. Vielleicht könnte es sich um Vorstufen, erste Entwicklungsmöglich-

leiten handeln, von denen aus auf die komplizierteren Verhältnisse höherer Organismen ein klärendes Licht fiele.

So ist es in der Tat. Und um möglichst rasch hinter das
Geheimnis zu kommen, möge nun sofort eine Beschreibung des
Vorgangs folgen, auf den es hier abgesehen ist. Unter den
Protozoen nehmen die Ciliaten oder Wimperinfusorien eine
relativ hohe Stufe ein. Ihr Körper ist über und über mit
Wimpern bedeckt, die in bestimmtem Rhythmus hin und her
schlagen und auf diese Weise es den Tierchen ermöglichen,
sich fortzubewegen. Eine weitverbreitete Art der Ciliaten ist
die der Paramäcien, der Pantoffeltierchen. Paramaecium caudatum z. B. ist ein zartes, durchsichtiges Wesen von 0.1 bis
0.3 mm Länge. Im ganzen besitzt es etwa die Gestalt einer
Spindel. Doch ist es nicht streng symmetrisch gebaut, denn
auf der einen Seite bemerkt man eine Einsenkung, die sich,
allmählich schmaler werdend, gegen die Mittellinie hinzieht;
hier liegt der Zellenmund (Cytostom), an den sich der Schlund
(Cytopharynx) in Gestalt eines feinen Kanälchens ansetzt.
Diese Bildungen dienen der Nahrungsaufnahme, die also nicht,
wie z. B. bei der Amöbe, an jeder beliebigen Stelle des
Körpers erfolgen kann. Auch sonst besitzt das Tierchen einige
Differenzierungen, die organähnliche Funktionen ausüben. Zu
erwähnen ist ferner, daß es zwei Kerne in seinem Innern
birgt, einen großen und einen kleinen. Jener stellt nach der
allgemeinen Ansicht eine Ansammlung von Reservenähr-
material dar, dieser entspricht dem Kern, wie er sich in jeder
Zelle findet. Paramäcien lassen sich sehr gut zu Beobachtungen
verwenden; sie kommen in großer Zahl vor, vermehren sich
rapide und können lange Zeit in Zuchtgläsern gehalten werden.
Wer nun ihre Lebensweise genauer kontrolliert, der beobachtet
einen merkwürdigen Vorgang. Zwei Individuen legen sich
der Länge nach aneinander, Mundöffnung auf Mundöffnung
gepreßt (Abb. 4a). Dann beginnt der Großkern zu degenerieren,
er löst sich allmählich auf und spielt im weiteren Verlauf keine
Rolle mehr. Bedeutungsvoll ist dagegen das Verhalten des
Kleinkerns. Er teilt sich zunächst, und jeder seiner Abkömmlinge
teilt sich nochmals. Darnach sind also vier Kerne, alle von
spindelartiger Gestalt, in jedem der beiden Paarlinge, die man

auch als Gameten bezeichnet, zu sehen (Abb. 4b bis d). Drei
davon sind zum Untergang bestimmt, sie begenerieren. Der
übrig bleibende Kern teilt sich abermals (Abb. 4e). Jetzt besitzt
mithin jeder Paarling zwei kleine Kerne. Einer von ihnen liegt
etwas tiefer und weiter entfernt von der Mittellinie, in der die
beiden Individuen aneinander stoßen; der andere nähert sich
mehr und mehr der Stelle, wo sich die Mundöffnungen der
Paarlinge berühren und eine Verwachsungsbrücke hergestellt
haben. Über diese Brücke wandert er in den gegenüberliegenden
Gameten hinein; das geschieht in der Weise, daß sich die beiden
wandernden Kerne auf der Brücke kreuzen, der eine gleitet nach
links, der andere nach rechts (Abb. 4f). So tauschen die beiden
aneinander gelagerten Individuen Abkömmlinge ihres ursprünglichen Kleinkerns gegeneinander aus. Am Schlusse der bis-

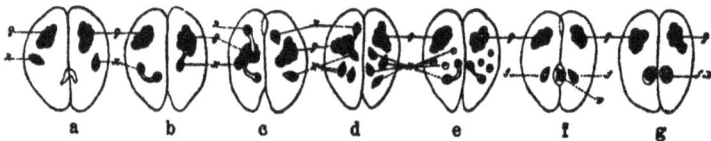

Abb. 4. Paramaecium caudatum in den verschiedenen Stadien der Konjugation (a bis g). G = Großkern; K = Kleinkern und dessen Derivate; W =
Wanderkern; S = stationärer Kern.

her geschilderten Vorgänge besitzt jeder der beiden Gameten zwei
Kerne, von denen der eine aus seinem Gegenüber stammt. Damit ist aber der Prozeß noch nicht zu Ende. Wenn der
Austausch der Kerne vollzogen ist, so verschmilzt der einge-
wanderte Kern mit dem zurückgebliebenen, so daß nun jeder der
beiden Gameten wieder nur einen einzigen Kern besitzt (Abb. 4g).
Jetzt wird die Vereinigung gelöst: jedes der beiden Individuen
schwimmt davon und beeilt sich, alsbald sein früheres Aussehen
wieder zu gewinnen. Vor allem wird der Kernapparat rekonstruiert; aus mehrfachen Kern- und Zellteilungen gehen schließlich Individuen hervor, die denen genau gleichen, die sich seiner-
zeit vereinigt hatten: Großkern und Kleinkern, und auch
die übrigen Differenzierungen sind wieder in der früheren
Form an ihren Orten zu sehen, und von jetzt ab verläuft
das Dasein der Tierchen ganz in den gewohnten Bahnen.
        Konjugation nennt man den Vorgang, der soeben

beschrieben wurde. Bei Paramäcium tritt er zu ganz bestimmter Stunde ein: er erfolgt immer gegen das Ende der
Nacht und ist bei einer Temperatur von etwa 20° C. nach
zwölf Stunden vollendet. Diese Verhältnisse sind für andere
Protisten variabel. Aber das Wesentliche des Geschehens
ist überall dasselbe. Der Austausch der Kernsubstanz zwischen zwei Individuen ist das Bezeich-
nende, auf das es bei der Infusorien-Konjugation ankommt.
Und wie sehr sich auch die Formen, unter denen sich die Vereinigung einzelliger Wesen vollzieht, in Einzelheiten unterscheiden mögen: Kernaustausch ist immer und überall das
Ergebnis. Denn nicht nur bei Protozoen, sondern auch bei
einzelligen Pflanzen ist Konjugation eine ständige Einrichtung; nur für allerniedrigste Organismen, wie Bakterien,
Kokken und ähnliche, ist sie bisher noch nicht durchgehends mit
Sicherheit festgestellt worden. Davon abgesehen, darf behauptet
werden, daß für alle einzelligen Wesen die zeitweilige Vereinigung mit ihresgleichen und die dabei stattfindende gegen-
seitige Übermittelung von Kernsubstanz eine Lebensbedingung
bildet.

Aber es sollte doch versucht werden, über das Problem
der Geschlechter Auskunft zu erlangen? Hier aber, bei diesen
einzelligen Tierchen, ist von einer Scheidung, auf die die
Worte männlich und weiblich angewendet werden könnten,
nichts zu entdecken. Zeigen denn etwa die Paarlinge besondere Züge, durch die der eine vor dem andern irgendwie ausgezeichnet würde? Gewiß nicht. Die Tierchen sind einander
völlig gleich und könnten eines vom andern nicht unterschieden
werden. Und dennoch ist die Konjugation der
Protisten als ein sexueller Vorgang anzusehen: er trägt alle Merkmale an sich, die dafür charak-
teristisch sind. Es ist aber nötig, um das zu verstehen, gewisse
Vorstellungen beiseite zu legen, die sich sehr fest eingebürgert
haben und nur schwer kalt zu stellen sein werden. Die vulgäre,
aber irrige Ansicht geht nämlich dahin, geschlechtliches Geschehen
setze eine Scheidung in männliche und weibliche Individuen voraus. Das ist, sobald es sich um wissenschaftliche Betrachtung handelt, nicht der Fall. Vielmehr ist jede Differenzierung, durch die

ein Unterschied der Form bei den an sexuellen Vorgängen be-
teiligten organischen Bildungen bewirkt wird, als beiläufig und
nicht im Wesen dieses Geschehens begründet zu beurteilen.
Das im einzelnen nachzuweisen, wird die Aufgabe der folgenden Ausführungen sein.

*　　*　　*

Zwei unter sich gleiche Infusorien legen sich aneinan-
ander, verwachsen zum Teil, tauschen Kernsubstanz aus, trennen sich wieder und leben von nun ab jedes für sich ganz
in der Weise, die für diese einzelligen Wesen typisch ist.
Das ist in wenig Worten das Resümee dessen, was über die
Konjugation von Para-
maecium berichtet wurde.
Nun ein anderes Bild.
Pandorina morum ge-
hört zu den Geißel-
infusorien und zwar zur
Gruppe der Volvociden.
Oftmals leben diese We-
sen in einem Verbande,
der durch eine gallertige,
die Einzelindividuen zu-

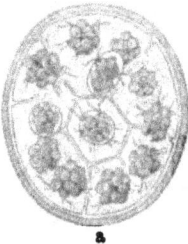

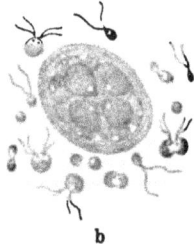

Abb. 5. Pandorina morum.
a) Vollständige Kolonie im Begriff, Gruppen
von Geißelzellen zu bilden; b) eine Gruppe,
umgeben von freigewordenen Geißelzellen.

sammenfassende Hülle gefestigt wird; man spricht dann
von einer Kolonie. So ist es auch bei Pandorina. Jede
Kolonie besteht aus sechzehn Einzelwesen. Zu gewissen Zeiten
läßt sich folgendes an einer solchen Kolonie beobachten. Jedes
ihrer einzelnen Glieder produziert durch wiederholte Teilungen acht Zellen, so daß sechzehn Gruppen von je acht Individuen in der Gallerthülle stecken. Die wird aber verlassen
und alle 128 Geißelzellen schwimmen ins Wasser hinaus (Abb.
5 a und b). Nun legen sich immer zwei davon aneinander
und beginnen miteinander zu verwachsen; die beiden
Individuen verschmelzen vollkommen, umgeben sich mit
einer festen Hülle und bleiben zunächst in diesem Zustande
liegen. Sie stellen jetzt ein vollkommen einheitliches Wesen
dar, das aus einer Zelle mit einem Kerne besteht. Oft vergeht eine lange Zeit, bis das Tierchen aus seiner Cyste her-

austritt, durch Teilungen sechzehn Zellen aus sich hervorgehen
läßt, die sich mit Geißeln und einer gemeinsamen Gallerthülle versehen und auf diese Art einer neuen Pandorina-Kolonie
zum Dasein verhelfen.

Was soeben geschildert wurde, läßt sich mit der Paramäcien-Konjugation weitgehend in Parallele setzen. Wo es sich
von ihr unterscheidet, handelt es sich um unwichtige Neben-
dinge. Aber ein Bedenken erhebt sich. Aus dem Verschmel-
zungsprodukt der Pandorina-Gameten entsteht eine neue Kolonie: Da taucht also doch eine Beziehung zur Fortpflanzung
auf? Gewiß! Aber der Leser wolle sich vorläufig mit diesem
Geständnis zufrieden geben. Es ist ja nicht etwa die Meinung,
daß es keinen Zusammenhang zwischen diesen beiden Vorgängen gäbe; der besteht ohne Zweifel. Allein er ist, und
darauf kommt es an, sekundärer Natur und nicht etwa im
Wesen der Fortpflanzung begründet. Gewöhnlich vermehrt sich Pandorina denn auch „ungeschlechtlich", indem jedes
ihrer Individuen sich so lange teilt, bis die für eine Kolonie
typische Zahl erreicht ist und die so entstandenen Tochterkolo-
nien sich voneinander lösen, um nun jede für sich weiter-
zuleben. Daraus ist zu entnehmen, daß auch hier der sexuelle
Vorgang, der zur Verschmelzung zweier bis dahin getrennter
Individuen nach Körper und Kern führt, nicht in der Fortpflanzung seinen Zweck haben kann. Sie wird ja viel häufiger auf weit einfachere Art erreicht. Und noch eins. Ist
es bei Paramäcium nicht schließlich geradeso wie bei Pandorina? Auch die beiden Paramäcium-Individuen pflanzen
sich nach ihrer Trennung fort: sie teilen sich nach Ablauf einer
gewissen Zeit, und ihre Abkömmlinge teilen sich wieder und
so fort. Im Grunde verhält sich Pandorina nicht anders.
Und so wenig dort ein direkter Zusammenhang zwischen Konjugation und Fortpflanzung zu entdecken war, so wenig dürfte
hier die Vereinigung der beiden Gameten darin ihren Zweck
haben, die Entstehung neuer Kolonien hervorzurufen. So
können wir denn zunächst von dem absehen, was sich an die
Verschmelzung der beiden Pandorina-Individuen anschließt
und unsere Aufmerksamkeit ausschließlich auf jenen Vorgang
selbst richten.

Da lassen sich nun ganz dieselben Fragen stellen, die gelegentlich der Protozoen-Konjugation auftauchten. Sie werden auch ganz dieselbe Beantwortung finden. Zunächst: von irgendwelcher Differenzierung, mit der die Begriffe männlich und weiblich in sinngemäße Beziehung gebracht werden könnten, ist auch hier nichts aufzufinden. Die beiden verschmelzenden Individuen sind einander in jeder Beziehung homolog, und die Beurteilung des ganzen Vorgangs als eines geschlechtlichen Geschehens wäre nicht möglich, wenn nicht weitere Entwicklungsstufen Licht in dieses Dunkel brächten. Zum andern: Das Wesentliche der Konjugation lag darin, daß die beiden Paarlinge Kernsubstanz gegeneinander austauschten. Jeder von ihnen bezog von seinem Genossen einen Kern, der mit seinem eigenen verschmolz. Genau dasselbe geschieht bei Pandorina: die Vereinigung der beiden Zellindividuen erstreckt sich auch auf ihre Kerne; eine Zelle mit einem Kern ist das Resultat. So wird denn auch hier die Zuführung fremder Kernsubstanz als das Wesentliche des Vorgangs betrachtet werden dürfen.

Paramäcium- und Pandorina-Konjugation unterscheiden sich nach alledem nur darin, daß die Vereinigung der Konjugation hier zu einer dauernden Verschmelzung der ganzen Individuen führt, während dort nur die Kerne, nicht aber die Zellkörper, bleibend zur Einheit werden. Der neue Zug, der mit Pandorina in das Bild eingegraben wird, verschwindet nicht wieder. Aber der nächste Schritt, den wir zu tun haben, bringt wieder ein anderes Moment zum Vorschein. Eudorina elegans ist eine nahe Verwandte von Pandorina. Auch sie lebt in Kolonien und vermehrt sich für gewöhnlich ungeschlechtlich. Ausnahmsweise und nicht eben häufig lassen sich aber Vorgänge an Eudorina beobachten, die zwar eine weitgehende Ähnlichkeit mit dem eben beschriebenen haben, doch aber charakteristischerweise in einem Punkte davon abweichen. Ab und zu entstehen nämlich Kolonien, deren Individuen sich durch besondere Größe auszeichnen. Daneben kommen andere vor, bei denen zunächst die typischen Größenverhältnisse herrschen. Beide Arten von jungen Kolonien verlassen nach einiger Zeit die mütterlichen Organismen, aber sie verhalten sich von jetzt ab verschieden: nur die aus größeren Indivibuen zusammengesetzten Kolonien wachsen heran, die anderen bleiben so klein wie sie in dem Augenblick waren, da sich die Mutterkolonie auflöste. Wenn nun solch eine Schar kleiner Indi= viduen (Mikrogameten) auf eine Kolonie stößt, die aus großen Individuen (Makrogameten) besteht, so geschieht folgendes: Die Mikrogameten treten aus ihrem Verbande heraus und versuchen einzeln durch die Gallerthülle, von der die Makro= gameten umgeben sind, hindurchzubringen. Wo das gelingt, da vereinigt sich je ein Mikrogamet mit einem Makrogameten: aus den beiden Individuen wird ein Körper mit einem Kern. Aus ihm entwickelt sich dann nach einiger Zeit durch Tei= lungen eine neue Eudorina=Kolonie, die sich wieder in der gewöhnlichen ungeschlechtlichen Art fortpflanzt. Hier zum ersten Male begegnen wir also einer differenten Gestaltung der beiden sich vereinigenden Individuen, und wir bemerken auch zu= gleich, daß die kleinere Zelle beweglicher, aktiver erscheint als die größere: sie ist es, die, den Widerstand der Gallert= hülle überwindend, sich in den Makrogameten hineinbohrt.

Wiederum ist es ein Wesen aus der Volvociden=Gruppe, an dem sich ein weiterer Fortschritt beobachten läßt. Volvox globator ist ein kugeliges Gebilde von 0.6 bis 0.8 mm Durch= messer. Es setzt sich aus einer großen Zahl von Individuen zusammen: man hat etwa zehntausend herausgerechnet. Auch Volvox pflanzt sich für gewöhnlich ungeschlechtlich fort. Daneben sind aber andersartige Vorgänge beobachtet worden. In ein und derselben Kolonie entwickeln sich manch= mal Individuen von ganz verschiedenem Aussehen. Die einen von kleiner Gestalt lassen sich leicht als Mikrogameten er= kennen. Sie sind in Haufen von hundert und mehr Exem= plaren vereinigt und werden etwa fünftausendstel Millimeter lang. Diese Haufen, deren eine Kolonie mehrere beherbergen kann, lösen sich im weiteren auf und schwärmen ins Freie hinaus: jeder Mikrogamet besitzt zwei Geißeln, mit deren Hilfe er sich fortbewegt. Dieselbe Mutterkolonie, aus der soeben die zahlreichen kleinen Geißelträger ausgetreten waren, umschließt, außer den gewöhnlichen Zellen, noch eine An= zahl geißelloser Individuen. Etwa dreißig lassen sich zählen; alle sind von respektabler Größe, bis zu einem zwanzigstel

Millimeter werden sie lang. Ohne Mühe erkennen wir in ihnen Makrogameten. Und nun sehen wir auch, wie sich die ausgeschwärmten Mikrogameten bemühen, in diese großen Zellen einzudringen, um sich mit ihnen zu vereinigen (Abb. 6). So verschmilzt auch hier ein Mikrogamet mit einem Makrogameten zu einer neuen einheitlichen Zelle. Aus ihr entwickelt sich, nachdem die Mutterkolonie abgestorben ist, ein junges Kolonial-Individuum, dessen einzelne Zellen durch wiederholte Teilungen aus jener ersten hervorgehen.

Wieder ist ein Weitergehen über das vorher Erreichte hinaus zu bemerken. Zum erstenmal nämlich erscheinen be= sondere Fortpflanzungszellen, die mit Zellen von anderer Funktion zu einem Verbande vereinigt sind. Früher hatten die Einzelindi= viduen der Kolonie unterein= ander alle die gleiche Bestim= mung; jetzt lassen sich zwei scharf gesonderte Gruppen unterscheiden: die Mehrzahl der Zellen hat mit der Fort= pflanzung nichts mehr zu schaffen; für deren Eintreten sorgen ganz bestimmte Indi=

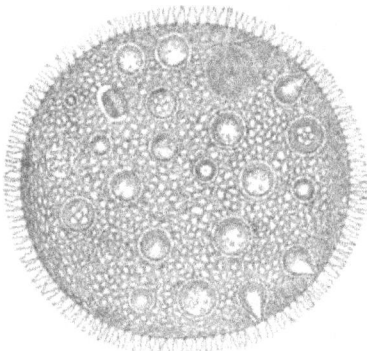

Abb. 6. Volvox globator.

viduen, die als solche von vornherein kenntlich sind. Jene an= deren Zellen haben vor allem die Aufgabe, die Kolonie zu er= nähren; das heißt aber in letzter Linie, sie sind nur um der mit der Fortpflanzung, sei sie nun ungeschlechtlich oder nicht, betrauten Individuen willen da. Diese erhalten jetzt erhöhte Wichtigkeit: sie sind es, die allein Bestand haben; die anderen gehen zugrunde, sobald sie ihren Zweck erfüllt und die Fort= pflanzungszellen soweit herangefüttert haben, daß sie eine neue Kolonie begründen können.

Es ist ratsam, von hier einen Blick zurück zu werfen und sich die Frage vorzulegen, in welchem Verhältnis bei den bisher betrachteten Organismen Fortpflanzung und Zellvereinigung stehen. Da muß die Antwort ohne Zweifel lauten: keines= falls ist jene von dieser etwa in der Weise abhängig, daß

sie nicht ohne sie bewerkstelligt werden könnte. Bei den Protozoen scheint die Konjugation überhaupt nichts mit der Vermehrung zu tun zu haben; beide Prozesse laufen nebeneinander her, ohne sich gegenseitig zu berühren. Und auch die
Organismen aus der Volvociden-Gruppe haben jedenfalls das
Vermögen sich fortzupflanzen, ohne daß sich zwei Zellindividuen vorher hätten vereinigen müssen. Überall war ja zu
konstatieren, daß sich diese Organismen in den weitaus meisten
Fällen ungeschlechtlich vermehren, indem eine Zelle durch wiederholte Teilungen sich zur Kolonie ausgestaltet. Auch hier
ist die Vermehrung von sexuellem Geschehen noch nicht abhängig geworden.

Etwas anders stellt sich nun freilich die Sachlage dar,
wenn man von der Zellvereinigung ausgeht und prüft, ob
auch sie sich die ursprüngliche Selbständigkeit, wie sie bei der
Protozoen-Konjugation zu beobachten war, gewahrt hat. Pandorina läßt noch deutlich durchfühlen, daß die Vereinigung der
beiden Gameten nicht den Zweck hat, eine Vermehrung
in die Wege zu leiten. Denn die einheitlich gewordene
Zelle verharrt zunächst in einem Zustande der Ruhe und
läßt erst nach Ablauf geraumer Zeit jene Teilungen erfolgen,
die zur Neugestaltung der Kolonie führen. Immerhin ist hier
schon die Verbindung der beiden Prozesse eingeleitet; sie wird
von nun ab immer inniger, so daß schon bei Eudorina und noch
auffallender bei Volvox Zellvereinigung unmittelbar in Fortpflanzung übergeht. Hier ist es nicht mehr möglich, die beiden
Vorgänge zeitlich auseinander zu halten und es sieht jetzt so
aus, als ob der Zweck der Vereinigung der beiden nun auch
in ihrem Aussehen different gewordenen Zellen darin be-
stünde, die Entstehung eines neuen Individuums einzuleiten.
Wir werden uns aber durch diesen Schein nicht darüber täu-
schen lassen, daß die Verbindung, die zwischen beiden Vorgängen besteht, sekundärer Natur ist und in deren Wesen
zunächst nicht begründet liegt.

*   *   *

Alle die Organismen, von denen bisher die Rede war,
gehören den niedersten Formen des Lebens an. Vielleicht ver-

halten sich aber die höheren Wesen ganz anders? So scheint es wohl. Denn von ungeschlechtlicher Fortpflanzung ist ja bei ihnen nichts wahrzunehmen? Wer so urteilt, befindet sich im Irrtum. Denn genau das, was wir etwa bei der Volvox-Kolonie beobachtet haben, findet sich bei Tieren wieder, die ihrer Organisation nach durch weite Strecken von jener primitiven Form getrennt sind. Es gibt zahlreiche höhere Organismen, die sich, ganz so wie etwa Volvox, ungeschlechtlich fortpflanzen können. Insbesondere der Stamm der Gliebertiere oder Arthropoden bietet viele Beispiele hierfür. Die Blattläuse (Aphiden) können Generationen von Nachkommen erzeugen, ohne daß jemals eine Zellvereinigung stattfände: jede Fortpflanzungszelle entwickelt sich von selbst zu einem Individuum, das wiederum Propagationszellen hervorbringt, die sich in derselben Weise benehmen. Ganz ähnlich ist es bei Daphniden, kleinen Süßwasserkrebsen, die sich ebenfalls durch eine lange Reihe von Generationen fortpflanzen können, ohne daß jemals eine Zellpaarung einträte. Auch unter den Hymenopteren ist ungeschlechtliche Fortpflanzung verbreitet. Die Propagationszellen der Bienenkönigin sind zur Entwicklung befähigt, ohne daß der Zutritt einer andern Zelle nötig wäre. Und solcher Beispiele ließe sich noch eine ganze Reihe aufführen.

Freilich: hinge das Schicksal der Bienen von diesen ungeschlechtlich sich entwickelnden Fortpflanzungszellen ab, so wäre es längst besiegelt. Denn, merkwürdig genug, nur Männchen, Drohnen genannt, können aus ihnen hervorgehen. Auch sie bringen nun zwar Fortpflanzungszellen hervor, aber denen fehlt die Fähigkeit zu spontaner Entwicklung. Sie sind, um sich teilen und entwickeln zu können, auf die Hilfe der zweiten Zelle angewiesen. Hier liegt die Sache schon wesentlich komplizierter wie etwa bei den Blattläusen. Man könnte sich sehr wohl vorstellen, daß diese Tiere sich natürlicher Weise in infinitum ungeschlechtlich vermehrten, und es gibt tatsächlich Formen, von denen man das mit gutem Grund annimmt. Denn jedes neu entstehende Individuum ist imstande, wiederum Zellen zu produzieren, die von selbst zur Entwicklung kommen. Es ist auch möglich, daß man künstlich Blattläuse sich

in dieser Weise beliebig lang vermehren ließe. Man hätte
nur dafür zu sorgen, daß sie immer unter günstigen Bedingungen ihr Dasein zubrächten. In der Natur liegen allerdings
die Verhältnisse meist nicht so. Herbst und Winter kommen:
das Futter wird knapp und die Temperatur sinkt. Und mit
einem Male ist zu beobachten, daß auch hier Zellpaarung auftritt. Ganz plötzlich erscheinen neben den Blattlausmüttern,

die bisher das Feld
beherrschten, Indivi-
duen, die bei nähe-
rem Zusehen nicht
unerhebliche Unter-
schiede von jenen
aufweisen. Sie pro-
duzieren zwar auch
Fortpflanzungs-
zellen, aber sie sind
winzig klein und
nicht imstande, sich
ohne Beihilfe zu ent-
wickeln. Sie müssen
sich vielmehr mit
den weit größeren
Zellen der Blatt-
lausmütter vereini-
gen, um nicht zu-
grunde zu gehen. Ge-
schieht das, findet
also die kleine Zelle
Mittel und Wege

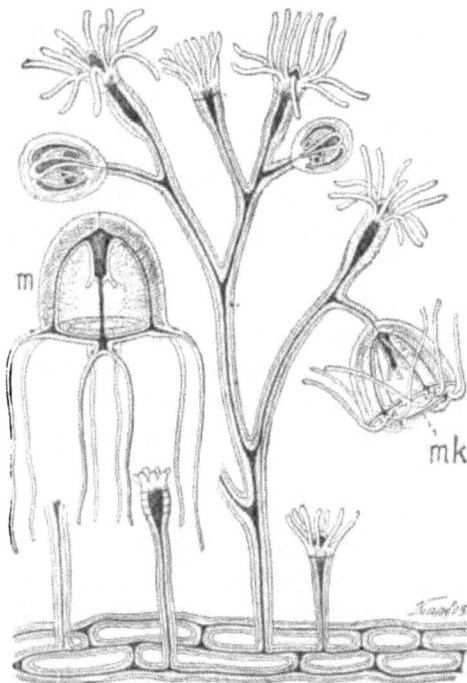

Abb. 7. Hydropolyp mit Medusenknospen (mk)
und losgelöster Meduse (m).

mit einer der großen zu verschmelzen, dann umgibt sich
die nun einheitlich gewordene Zelle mit einer resistenten Hülle
und überbaut den Winter; erst mit dem Eintritt der wär-
meren Jahreszeit erwacht sie zu neuem Leben, beginnt sich zu
teilen und wächst zu einem Individuum heran, das sich nun
wieder in der beschriebenen, ungeschlechtlichen Weise vermehrt.
Die ungeschlechtliche Vermehrung dieser Tiere wird also an
einem Punkte durchbrochen, und es schaltet sich da ein geschlecht-

licher Vorgang ein. Denn natürlich sind die oben erwähnten
Individuen mit den kleinen Fortpflanzungszellen nichts anderes als männliche Tiere. Hier findet also ein Turnus statt:
ungeschlechtliche und geschlechtliche Vermehrung wechseln miteinander ab. Aber während das bei den Blattläusen in einer
ganz unbestimmten Folge geschieht, lassen andere Organismen die beiden Vorgänge in streng geregelten Abständen einander ablösen. Man spricht dann von Generations-
wechsel. Ein klassisches Beispiel hierfür bieten die Hydro-
medusen. Sie sind Meerbewohner. Von den beiden Generationen, in denen sie vorkommen, vermehrt sich die eine immer
ungeschlechtlich: die Polypen, so nennt man die erste Generation, bringen durch Knospung die zweite Generation hervor.
Aus dieser entsteht nun geschlechtlich wiederum die erste. Die
beiden Generationen sind einander höchst unähnlich: während
die Polypen am Boden festsitzen und fast immer in Kolonien
leben, schwimmen die Individuen zweiter Generation frei umher; man kennt sie unter dem Namen Medusen oder Quallen.
Sie produzieren zweierlei Fortpflanzungszellen, die sich nur
dann zu Polypen entwickeln können, wenn sie sich paaren
(Abb. 7). Hier hat sich ein streng geregelter Turnus ausgebildet.
immer wechselt eine ungeschlechtliche Generation mit einer
geschlechtlichen ab.

Ungeschlechtliche Fortpflanzung bei höheren Tieren nennt
die Wissenschaft Parthenogenese, d. h. auf deutsch jung-
fräuliche Entstehung. Der Sinn dieses Ausdrucks ist nicht
ganz eindeutig. Man könnte meinen, das Wort solle besagen, daß bei der Entstehung des so hervorgebrachten Individuums die Mutter ihren Charakter als „Jungfrau" be-
wahre. Solche Anschauungen spielen wohl bei der Deutung
der christlichen Lehre von der jungfräulichen Geburt Jesu mit.
Dieses Dogma schließt ja eine „Empfängnis" nicht aus, sondern fordert sie geradezu; nur muß das Empfangen des die
Entwicklung auslösenden Faktors, der ja nichts anderes sein
kann als der Samen, ohne die Tätigkeit eines Mannes, d. h.
ohne Begattung gedacht werden. Der wissenschaftliche Begriff
der Parthenogenese ist ein anderer: parthenogenetisch heißt eine
solche Entwicklung, die nicht durch die Vereinigung zweier

Zellen ihren Anstoß erhält, von einer Empfängnis kann dabei nicht die Rede sein. Vielmehr beginnt hier eine Geschlechtszelle sich spontan, aus sich selbst heraus zu teilen, um ein neues Individuum entstehen zu lassen. Das Zusammenwirken zweier Zellen fällt dabei aus, eben das, was als das Charakteristische des geschlechtlichen Geschehens der Zellpaarung erkannt wurde. Insofern ist Parthenogenese nichts anderes wie ungeschlechtliche Fortpflanzung. Man hat freilich gemeint, es sei doch ein prinzipieller Unterschied zwischen diesen beiden Begriffen vorhanden. Parthenogenesis sollte nämlich eine Rückbildung aus der geschlechtlichen Fortpflanzung sein. Die Organismen hätten nach dieser Ansicht die Fähigkeit zu parthenogenetischer Fortpflanzung erst sekundär erworben; ursprünglich seien auch sie auf sexuelle Vermehrung allein angewiesen gewesen. Ohne uns in lange theoretische Auseinandersetzungen einzulassen, dürfen wir dem entgegenhalten, daß geschlechtliche Fortpflanzung sicherlich das Kompliziertere ist, und in der Entwicklung der organischen Welt später aufgetreten sein wird. Sollten sich also etwa die Blattläuse wirklich einst ausschließlich auf geschlechtlichem Wege vermehrt haben, so würde doch der Rückfall in die Ungeschlechtlichkeit nur bedeuten, daß sie damit einen ursprünglichen Zustand wiederaufgenommen haben. Es wäre also ein Streit um Worte, und gewiß wird sich nichts dagegen sagen lassen, wenn man Parthenogenese als ein Geschehen betrachtet, das der ungeschlechtlichen Fortpflanzung, also der einfachen Zellteilung oder der Knospung der niederen Tiere nahesteht. Sie ist gewissermaßen eine Reminiszenz daran, daß organische Wesen ursprünglich sich fortzupflanzen vermochten, ohne daß überhaupt Zellpaarung, d. h. ein sexueller Vorgang stattfinden mußte.

✻ ✻ ✻

Wie tief und fest die Einrichtung ungeschlechtlicher Vermehrung den Lebewesen eingeprägt ist, davon gibt eine merkwürdige Entdeckung beredtes Zeugnis, die uns die letzten Jahre gebracht haben. Die Vereinigung zweier Geschlechtszellen wird nicht sehr glücklich als Befruchtung bezeichnet: das Ei, d. i. die von der Mutter produzierte Fortpflanzungszelle, muß, um sich entwickeln zu können, zuvor von einer Samenzelle, die also vom Vater stammt, „befruchtet" sein. Jedermann weiß, daß nicht alle Eier, die einer Henne untergelegt und von ihr bebrütet werden, Küchlein ergeben, und wer etwa Hühnerzucht treibt, macht mit dem Händler, von dem er zu Brutzwecken Eier bezieht, einen Vertrag, der besagt, daß unter der Sendung nicht mehr als ein bestimmter Prozentsatz unbefruchtet sein darf, widrigenfalls der Lieferant zu einer Nachlieferung verpflichtet sei. Soviel steht fest, niemals ist etwas davon gehört worden, daß etwa Hühnereier sich ohne Befruchtung zu entwickeln vermöchten. In derselben Lage wie die Hühner sind alle höheren Tiere mit alleiniger Ausnahme jener, von denen oben die Rede war: immer muß der Entstehung des Jungen die Befruchtung vorausgegangen sein. Da mutet es nun fast wie ein Wunder an, wenn man vernimmt, daß dieses Gesetz durchbrochen werden kann. Der Mensch hat es nach dieser neuen Kunde in der Gewalt, tierische Eier sich entwickeln zu lassen, ohne daß die für diese Organismen sonst unerläßliche Verschmelzung mit der Samenzelle stattgefunden hätte. Seesterne und Seeigel z. B. kennen in der Natur keine Parthenogenese; wollen sie sich vermehren, so müssen zuvor zwei Zellen sich vereinigt haben: das Ei muß befruchtet sein, dann erst kann es sich teilen und das neue Individuum hervorbringen. Nun aber ist es dem Forscher im Laboratorium gelungen, diesen natürlichen Vorgang der Befruchtung des Eies durch die Samenzelle auszuschalten, und mit andern Mitteln und auf anderem Wege denselben Effekt zu erzielen. Eier also, die unter normalen Verhältnissen stets der Befruchtung durch eine Samenzelle bedürfen, werden nun ohne diese dazu veranlaßt, sich zu entwickeln. K ü n s t l i c h e P a r t h e n o g e n e s e nennt man das. Von ihr soll jetzt einiges berichtet werden.

Es ziemt sich, den Namen des Mannes zu nennen, dem zuerst es gelang, dieses Geheimnis der Natur aufzudecken. J a c q u e s L o e b, von Geburt Deutscher, der auch seine Studien auf deutschen Universitäten betrieben hat, ging dann in die Vereinigten Staaten von Nordamerika und wurde Professor der Physiologie an der Berkeley-University von Kalifornien; dort hat er seine wichtige Entdeckung ausgebaut, die in allen naturwissenschaftlich interessierten Kreisen das größte Aufsehen hervorrief (1899). In vielen Publikationen hat er auf das genaueste beschrieben, wie er bei seinen Versuchen vorgegangen ist. Es ist ja natürlich, daß solch eine Entdeckung zuerst auf Unglauben und Zweifel stößt; die Fachgenossen sind leicht zu der Annahme geneigt, es möchte dem Experimentator ein Versehen, eine Ungenauigkeit unterlaufen sein, durch die sein Ergebnis gefälscht wurde. Wer aber weiß, wie schwierig solche Versuche auszuführen sind, würde es nicht einmal sehr tadelnswert finden, wenn dabei ein Irrtum vorkäme. Aber Loeb verfuhr mit solcher Vorsicht und Genauigkeit, daß ihm ein Fehler nicht nachgewiesen werden konnte; vielfach sind dagegen seine Experimente sorgfältig nachgeprüft und deren Resultate bestätigt worden.

Eier von Seeigeln und Seesternen dienten als Versuchsobjekte. Diese Tiere leben in großen Mengen an felsigen Küsten des Meeres in geringer Tiefe und sind daher leicht heraufzubringen. Auch andere Eigenschaften machen sie zu einem bevorzugten Objekt für den biologischen Forscher. Fast zu allen Zeiten des Jahres sind ihre Geschlechtsdrüsen mit Fortpflanzungszellen prall gefüllt. Außerordentliche Mengen davon trägt jedes Tier in seinem Innern. Die Eier insbesondere sind klein und durchsichtig, so daß sich alle Vorgänge, die sich in ihnen abspielen, leicht unter dem Mikroskop verfolgen lassen. So kann man auch die Vereinigung und Verschmelzung der beiden Geschlechtszellen auf das genaueste beobachten und dann verfolgen, wie sich das befruchtete Ei nun zu entwickeln beginnt. Bei den Versuchen künstlicher Parthenogenese kam es vor allem darauf an, jede Möglichkeit der Befruchtung durch eine Samenzelle auszuschließen. Es ist den Tieren von außen nicht anzusehen, ob sie männlich oder weiblich sind; sie müssen also geöffnet werden. Stellte es sich dabei heraus, daß ein Männchen vorlag, so wurde es alsbald auf die Seite getan und alle verwendeten Instrumente, Gefäße usw. einer peinlichen und radikalen Desinfektion unterworfen. Auch der Experimentator unterzog sich gründlicher Waschung. Dies alles geschah, um eine unbeabsichtigte Über-

tragung der winzigen Samenzellen auf die Eier des Weibchens, als das sich vielleicht das nächste Tier herausstellte,
zu vermeiden. War ein Weibchen gefunden, so wurden ihm
seine Eierstöcke genommen und in ein Glasgefäß mit Seewasser gelegt. Aber auch hierbei mußten besondere Vorsichts-
maßregeln beobachtet werden. Das Gefäß war zunächst in
kochendem Wasser gereinigt worden. Sodann aber, und das
ist sehr wichtig, wurde nur sterilisiertes Seewasser benützt;
es konnten sich ja in dem Wasser, wie es dem Meere ent-
nommen wird, Samenzellen befinden, die von den Seeigeln
massenhaft abgegeben werden. Waren nun die Eierstöcke glücklich aufgehoben und die Eier aus ihnen herausgeschüttelt, so
wurde sofort ein Teil abgesondert und seinem Schicksal überlassen; von Zeit zu Zeit nur wurden diese Eier zur Kon-
trolle durchmustert, ob nicht etwa doch das eine oder andere
sich zu entwickeln begann, woraus dann zu schließen gewesen
wäre, daß trotz aller Vorsicht Samenzellen Zutritt erlangt
und eine Befruchtung bewirkt hätten. Dann wäre das ganze
Material natürlich unbrauchbar gewesen und hätte vernichtet
werden müssen. Aber dieser Fall ereignete sich niemals, die
angewandte Methode der Prophylaxe erwies sich mithin als
sehr zuverlässig. All diese Einzelheiten werden hier erwähnt,
um den Lesern den Verdacht zu nehmen, als könne etwa doch
nicht jeder Zweifel an der Zuverlässigkeit des Experimentes
ausgeschlossen sein.

Jetzt erst beginnt der eigentliche Versuch. Man entnimmt
die unbefruchteten Eier dem Gefäß, in dem sie bisher ver-
weilten, und überträgt sie in eines, das mit Seewasser gefüllt ist, dessen Konzentration um etwa vierzig bis fünfzig
Prozent erhöht ist. Eine solche Konzentrationserhöhung ist
leicht zu bewirken: man setzt dem Wasser einfach die nötige
Menge von Kochsalz oder irgendeinem andern Salz zu. In
solchem konzentrierten Seewasser bleiben die Eier etwa zwei
Stunden liegen. Nach Verlauf dieser Zeit betrachtet, sehen
sie eigenartig verändert aus. Vorher hübsch rundlich und glatt,
haben sie jetzt Runzeln bekommen und ihre Oberfläche erscheint höckerig. Offenbar haben sie Wasser verloren, sind
geschrumpft. Das wird nun wieder anders, sobald die Eier

in normales Seewasser zurückversetzt werden. Da nehmen
sie alsbald das verlorene Wasser wieder auf und erscheinen
danach glatt wie vorher. Aber nun verändern die Eier
plötzlich ihre Gestalt ganz und gar. Bisher hatten sie die
Form einer Kugel. Jetzt strecken sie sich in die Länge, bald
schnürt sich eines in der Mitte durch, so daß statt einer zwei
Zellen vorhanden sind. Dieses Spiel setzt sich fort: kein Zweifel, die Eier beginnen sich zu entwickeln, und nach einiger Zeit
schwärmen in dem Glase kleine Larven frei herum. Damit war
dargetan, daß die angewandte Methode imstande ist, unbe-
fruchtete Seeigeleier zur Entwicklung zu bringen. Die Larven
nämlich — man nennt sie in diesem Falle Plutei — stellen
einen Jugendzustand der Seeigel dar, mit dem sie die Fähigkeit zu selbständiger Fortexistenz erlangt haben. Sie nehmen
nun Nahrung auf und wandeln sich langsam und allmählich zu der Form des ausgewachsenen Tieres um.

Das alles erscheint sehr einfach. Aber es ist doch ein Haken
dabei. Von den Eiern, die der geschilderten Behandlung unterworfen werden, erreichen nämlich nur verhältnismäßig wenige
den Larvenzustand. Die meisten gehen vorher zugrunde. Auch
sie beginnen zwar, sich zu entwickeln, aber ihre Entwicklung
führt nicht zum Ziele: sie verläuft ganz anormal und produziert pathologische Gebilde. Um nur ein Beispiel anzufüh-
ren: statt daß bei der ersten Teilung des Eies zwei gleichgroße
Zellen gebildet werden, entstehen da etwa drei, die von ganz
verschiedener Größe sind. Damit ist die reguläre Bahn schon
verlassen und, wenn nun auch weitere Teilungen eintreten,
so kann deren Effekt doch niemals in einem normalgestalteten
Gebilde sich darstellen: früher oder später gehen solche Miß-
bildungen zugrunde. Bei dieser Sachlage war es natürlich
ausgeschlossen, in der künstlichen Parthenogenese etwas anderes
zu erblicken wie eine höchst unvollkommene Nachahmung dessen,
was durch die normale Befruchtung erreicht wird. Die angewandte Methode bedurfte also wesentlicher Verbesserung.

Wer unter dem Mikroskop beobachtet, wie das Ei befruchtet wird, dem fällt eine Einrichtung auf, durch die es
verhindert wird, daß mehr als e i n e Samenzelle sich mit
jenem vereinigt. Sobald nämlich das erste Samenfädchen die

Peripherie des Eies überschritten hat, umgibt sich dieses mit einer Membran, die sich deutlich von seiner Oberfläche abhebt; dieses seine Häutchen ist für die Samenfäden undurchdringbar. Die Eier, die mit konzentriertem Seewasser behandelt werden, lassen nun aber diese Membranbildung vermissen. Und doch muß dem Vorgang, der dazu führt, erhebliche Bedeutung zukommen. Das Abheben der Membran wird nämlich dadurch bewirkt, daß das Ei Flüssigkeit aus seinem Innern austreten läßt: das bedeutet natürlich eine Änderung seines chemischen und physikalischen Zustandes, die unter Umständen auf den weiteren Verlauf des Vorganges von Einfluß sein könnte. So galt es denn, Mittel und Wege zu finden, die zu parthenogenetischer Entwicklung bestimmten Eier zur Bildung dieser Membran zu veranlassen.

Auch das gelang. Ein bestimmtes kleines Quantum einer Fettsäure (Ameisen-, Essig-, Butter-, Valerian- usw. Säure) mußte dem Wasser, in dem sich die Eier aufhielten, zugesetzt werden. Wurden sie dann nach einer knappen Minute von da in normales Seewasser zurückgebracht, so bildeten sie alsbald eine Befruchtungsmembran, die sich von der durch eine Samenzelle hervorgerufenen in keiner Weise unterscheidet. Freilich leitet diese künstliche Membranbildung nicht etwa unmittelbar zur Entwicklung des Eies über. Zwar nimmt es einen Anlauf, sich zu teilen, aber er führt zu nichts, und das Ei stirbt, sich selbst überlassen, nach einiger Zeit ab. Aber da bietet sich wie von selbst die früher angewandte Methode als Hilfe dar. In der Tat ist sie geeignet, das zu leisten, was noch fehlt. Wir legen also die umhäuteten Eier in jenes konzentriertere („hypertonische“) Seewasser, lassen sie dort eine halbe Stunde etwa verweilen, bringen sie dann in gewöhnliches Wasser zurück und beobachten, was nun eintritt. Da stellt sich heraus, daß sämtliche so behandelten Eier sich zu entwickeln beginnen. Nicht alle zwar erreichen das Larvenstabium, aber doch entwickelt sich ein sehr großer Prozentsatz zu völlig normal aussehenden Plutei, die munter an der Oberfläche des Wassers umherschwimmen. Mit dieser vervollkommneten Methode läßt sich also ein Ergebnis erzielen, das auch hohen Ansprüchen genügen kann. Es ist, so darf man es wohl formulieren, in der Tat möglich, Seeigeleier, die sonst der Befruchtung durch eine Samenzelle bedürfen, durch eine chemisch-physikalische Behandlung zu parthenogenetischer Entwicklung zu bringen. Damit ist in großen Strichen skizziert, was unter künstlicher Parthenogenese zu verstehen ist und wie sie hervorgerufen werden kann.

Der Leser muß nun aber nicht meinen, daß allein der Seeigel für diese Versuche in Betracht komme. Bei einer ganzen Anzahl anderer Tiere ist das Experiment in gleicher Weise gelungen; es seien nur der Seestern Asterina, die Würmer Thalassema, Chaetopterus und Ophelia, die Mollusken Mactra, Lottia gigantea und Acmaea genannt; auch Eier von Fröschen und von Neunaugen waren der Behandlung zugänglich, doch erreichten sie nur ein relativ frühes Entwicklungsstadium, nämlich das der sogenannten Morula. Selbstverständlich darf man nun nicht etwa übertriebene Erwartungen an diese Experimente knüpfen. Es wäre verfehlt, auch nur im entferntesten an eine analoge Behandlung von Eiern etwa der Säugetiere zu denken. Sie entwickeln sich, wie jeder weiß, unter Bedingungen, die solche Eingriffe, wie sie bei Seeigeleiern möglich sind, gänzlich ausschließen. Vor allem der Umstand, daß dort die Keime nur im Innern der Mutter zu leben vermögen, verbietet jeden Versuch, sie in ähnlicher Weise zu beeinflussen, wie das bei Eiern möglich ist, die im Wasser ihre Entwicklung durchmachen. Und auch Vogeleier setzten diesen Experimenten bisher unüberwindliche Schwierigkeiten entgegen; bei ihnen ist es vor allem die harte Schale, die den notwendigen Eingriff zur Unwirksamkeit verurteilt. Allein die Tatsache, daß nur verhältnismäßig wenig Tiere solche Fortpflanzungszellen produzieren, an denen sich künstliche Parthenogenese realisieren läßt, kann die Bedeutung dieses Geschehens nicht herabsetzen. Hier an dieser Stelle jedoch kommt es nicht darauf an, dem nachzuspüren, was daraus etwa für die Theorie der Befruchtung zu gewinnen ist. Ein anderer, allgemeinerer Gesichtspunkt soll hier in den Vordergrund gerückt werden.

Die Darstellung organischer Fortpflanzung, wie sie auf den vorhergehenden Blättern zu geben versucht wurde, war von dem Gedanken geleitet, daß Vermehrung, entwicklungsge-

schichtlich betrachtet, ein selbständiges und von sexuellen Vorgängen ursprünglich unabhängiges Geschehnis sei. Bei einfachsten organischen Wesen, so sahen wir, ist Fortpflanzung
nichts anderes wie Zellteilung; mit ihr steht das geschlechtliche Geschehen der Zellvereinigung, das hier Konjugation genannt wird, in keiner Verbindung, es ist durchaus eine Sache
für sich. Und so blieb es auch im wesentlichen bei jenen Wesen
aus der Volvociden-Gruppe. Auch sie vermochten sich ohne
vorherige Zellpaarung fortzupflanzen. Hier rückten aber die
beiden Prozesse, die wir betrachten, allmählich näher aneinander. Nicht daß ihre völlige Verschmelzung erfolgte. Aber
Zellteilung schloß sich immer dichter an Zellpaarung an, so
daß neben die noch immer selbständig gebliebene ungeschlechtliche Fortpflanzung eine zweite, besondere Art der Vermehrung trat, die eben durch den sexuellen Akt der Vereinigung
zweier Zellen eingeleitet zu werden schien. Dieses Nebeneinander der beiden Fortpflanzungsarten konnten wir durch
die Welt des Organischen bis hinauf zu hochentwickelten Tieren
verfolgen; wir sahen, daß es bei so komplizierten Organismen
besteht, wie es z. B. die Bienen sind. Noch ist es hier Norm,
Regel, natürlich. Ein Schritt weiter, und die Grenze
liegt hinter uns: wir befinden uns in dem Gebiet, wo das
Nebeneinander aufgehört hat und die geschlechtliche Vermehrung allein herrscht. Aber selbst dieser Schritt ist kein Sprung.
Übergänge führen überall im Organischen von einem zu andern.
Hier schafft das Experiment die Vermittlung. Künstlich
wird eine Strecke weit noch aufrecht erhalten, was in der
Natur preisgegeben ist. Daß es aber überhaupt möglich ist,
tierische Eier künstlich unter Ausschaltung des sexuellen Geschehens zur Entwicklung zu bringen, das darf wohl auch als
ein Beweis dafür genommen werden, wie tief ungeschlechtliche
Fortpflanzung in der Konstitution des Organischen begründet
ist. Gewiß ist sie das Ursprüngliche, und künstliche Parthenogenese möchte wohl als eine letzte, abklingende Erinnerung an
eine Zeit angesehen werden dürfen, die nun weit, weit zu-
rückliegt, an eine Zeit, da auch Geschöpfe, die heute nur noch
geschlechtliche Zeugung kennen, die Macht hatten, sich ungeschlechtlich fortzupflanzen. Vielleicht darf die künstliche Wie-

berbelebung einer absterbenden Fähigkeit auch als ein Moment betrachtet werden, das zugunsten der Abstammungs-
theorie spricht.

*　　*　　*

Geschlechtliches Geschehen besteht in der Vereinigung zweier
Zellen. So sahen wir es bei Infusorien, bei Paramaecium,
bei Pandorina, Eudorina und Volvox. Dies ist das Wesentliche, wo immer Sexualität herrscht. Und sie herrscht überall
im Reich der Organismen. Kein Tier und keine Pflanze
entbehrt ihrer ganz. Selbst bei den einfachsten, uns bekannt
gewordenen Wesen, den Bakterien, hat die Forschung neuer-
dings Vorgänge entdeckt, die ohne Zweifel die Ausnahmestel-
lung beseitigen, die von diesen Mikroorganismen bisher behauptet wurde. Aber die Form, unter der sich Zellpaarung
vollzieht, ist verschieden. Wir kennen schon die Richtung,
in der die Ausgestaltung dieser Verschiedenheit verläuft. Zuerst einander völlig gleich, beginnen die sich paarenden Zellen
allmählich Differenzen in der Größe an sich hervortreten zu
lassen, zunächst noch unerheblich, dann stärker und stärker, bis sie
ganz gewaltige Dimensionen erreichen. Daneben konnten wir ein
anderes noch bemerken. Mit der zunehmenden Größe der einen
Geschlechtszelle wurde sie auch schwerfälliger; sie gab die Freiheit, sich fortzubewegen, dran und verurteilte sich selbst dazu,
die Ankunft des Genossen still zu erwarten. Diesem wuchs
indessen mit der Aufgabe die Befähigung. Gedrungener, kon-
zentrierter sozusagen, bildete sich seine Gestalt, ganz darauf
eingestellt, schnell und mühelos fortzukommen. So bildet sich
der Gegensatz der zu geschlechtlichem Tun bestimmten Elemente heraus. In den Namen Ei und Samenzelle
findet er seinen Ausdruck.*) Nicht ursprünglich freilich ist

---

*) Der Leser wolle sich gegenwärtig halten, daß „Samen“ im
botanischen Sinne etwas von den Samenzellen durchaus Verschiedenes
ist. Der Pflanzensamen, den man aussät, besteht aus jungen Keimen;
jedes einzelne Samenkorn ist ein auf frühem Entwicklungsstadium befind-
licher Embryo. Man bezeichnet die geschlechtliche Samenzelle auch als
Spermatozoon oder Spermie und vermeidet so die Möglichkeit des Miß-
verständnisses, das sich an die aus einer falschen Analogie heraus ent-
standene Benennung der vom männlichen Individuum produzierten Geschlechtszellen als „Samen“ anschließen könnte.

dieser Gegensatz, nicht im Wesen des von ihm abhängenden Geschehens begründet, sondern durchaus sekundärer Natur. Der geschlechtliche Vorgang ist mit nichten an die Form der Zellen, wie sie im Ei und in der Spermie sich verwirklicht, gebunden — wir sahen ja, daß er auch da statthat, wo es zu dieser Differenzierung noch gar nicht kam —, sondern als eine Erleichterung und Anbequemung an bestimmte Verhältnisse werden wir die Erscheinung der verschiedengeformten Sexualzellen zu betrachten haben.

Sehen wir uns Ei und Sperma etwas näher an, so wird klar werden, wie dies gemeint sei. Die Geschlechtszellen lassen sich sehr frühe schon im werdenden Individuum erkennen. Sie zeichnen sich durch ihre relative Größe vor allen anderen Zellen aus. Aber es ist zunächst ganz unmöglich zu sagen, ob der geschlechtsreif gewordene Organismus Eier oder Spermatozoen beherbergen wird. Auch die Sexualzellen machen eine Entwicklung durch und erst, wenn sie diese durchlaufen haben, können sie vollberechtigten Anspruch auf die Bezeichnungen Ei und Spermatozoon erheben. Es sei zunächst eine Skizze des Werdegangs der Geschlechtszellen zu geben versucht.

Drei Perioden lassen sich da unterscheiden, eine solche der Vermehrung, eine solche des Wachstums und eine solche der Reifung. Man hat den Keimzellen, je nachdem sie sich in den verschiedenen Ausbildungszuständen befinden, verschiedene Namen beigelegt und spricht von Urgeschlechtszellen (Oogonien und Spermatogonien), von Oozyten und Spermatozyten und von reifen Eiern und Spermatiden (Spermatozoen). Wann und wo tritt uns nun die Urgeschlechtszelle zum ersten Male entgegen? Bei den Organismen bestehen in diesem Punkte erhebliche Unterschiede. Es gibt Tiere, bei denen sich schon nach den ersten Schritten ihrer individuellen Entwicklung ganz scharf zwei Gruppen von Zellelementen scheiden lassen: aus den einen wird der Körper aufgebaut, die anderen sollen einst der Fortpflanzung dienen. Ein extremes Beispiel hierfür bietet der Wurm Ascaris megalocephala, der im Darm des Pferdes schmarotzt. Wenn dessen Keim sich zum ersten Male teilt, so entstehen zwei Zellen, die bereits gewisse

Verschiedenheiten aufweisen; man kann in diesem Augenblick schon sagen, aus welcher der beiden die Geschlechtsprodukte
hervorgehen werden. Und in der Tat ist einer der Abkömmlinge dieser Zelle die Urmutter sämtlicher Sexualzellen, die
das noch im Entstehen begriffene Individuum dereinst produzieren wird. Aus dieser ersten Geschlechtszelle gehen nun
alle andern hervor: sie teilt sich, und ihre Abkömmlinge teilen
sich wieder und so geht es fort und fort, bis die Vermehrung
zum Stillstand kommt und die erste Periode der Genesis der
Geschlechtszellen zum Abschlusse gelangt ist. Ascaris megalocephala stellt einen besonders ausgeprägten Fall dar. Nicht
immer läßt sich die Entstehung der Sexualzellen soweit zurück
verfolgen. Oft entdeckt man sie erst, wenn die Entwicklung
des Individuums schon relativ weit fortgeschritten ist. Vielleicht gelingt die frühere Auffindung nur deshalb nicht,
weil die unterscheidenden Merkmale nicht auffällig genug
sind, um sofort erkannt zu werden. Dann aber dürfte
die Anschauung an Wahrscheinlichkeit gewinnen, wonach
von vorneherein ein bestimmt ausgeprägter Gegensatz zwischen
Körperzellen und Keimzellen besteht, so daß diese nicht etwa
durch eine Umwandlung jener entständen, sondern vom ersten
Augenblicke ihres Daseins an sich völliger Unabhängigkeit von
ihnen erfreuten. Die Entstehung der Geschlechtszellen fiele
dann mit der Entstehung des neuen Individuums zusammen.
Im Grunde genommen, kann dies nicht wundernehmen.
Es erscheint uns nur merkwürdig, weil wir diese Verhältnisse
immer vom Standpunkt des Individuums, nämlich unserer
eigenen Person betrachten. Für uns ist es ganz selbstverständlich, daß die Ausgestaltung des Keimes zum Organismus
der höchste Zweck und das letzte Ziel des Entwicklungsgeschehens
sei. Daß ein Mensch werde mit Gliedern, die er bewegen
kann, mit Sinnen, durch die er die Welt ringsum wahrnimmt,
mit Verstand und Vernunft, die es ihm erlauben, Handlungen
auszuführen nach den Erfordernissen, die seine Umgebung
an ihn stellt, das scheint der Sinn der individuellen Entwicklung zu sein, und zu diesem Ende werden dann alle jene
Einrichtungen getroffen, die uns hier beschäftigen. Allein es
gibt noch eine andere Betrachtungsweise, die weit genereller

ist, als die eben angedeutete, und die deshalb gewiß nicht als
unberechtigt beiseite gelassen werden sollte. Sie sieht die
Dinge genau umgekehrt an. Nicht die Ausbildung des Individuums ist der erste Zweck; sie ist nur ein Abgeleitetes und
steht im Dienste eines Wichtigeren und Größeren. Die Erhaltung des Lebens, sein Fortbestand und seine Weitergabe ist der
Kern und der Mittelpunkt, um den sich alles organische Geschehen dreht; hierin erkennen wir den ruhenden Pol in der
Flucht jener Erscheinungen, unter denen das Lebendige sich
darstellt. Und nun wandelt sich das Bild. Was uns vorhin
als das Erste und als Hauptsache erschien, tritt in die zweite
Reihe und gibt sich als ein Mittel zu erkennen, eine Einrichtung, die dem andern dient. Nun also bildet sich das Individuum, der Einzelne nur aus, damit das Allgemeine, nämlich das Leben erhalten werde. Anders ausgedrückt heißt das,
die Zellen des Körpers sind das Abgeleitete, das Sekundäre;
ihrer bedient sich der Lebenskeim, der in der Geschlechtszelle
ruht, um sich die Fortexistenz zu sichern. Die Keimzellen also
schaffen sich die andern, die somatischen Elemente, die in
letzter Linie einzig um jener willen existieren. So wäre die
Entwicklung des Individuums zu betrachten als die Entfaltung und Ausbildung von Einrichtungen, mit deren Hilfe
sich die Keimzelle am Leben erhält. Sie ist mithin der Aus-
gangspunkt, das Primäre, sie ist der Anfang, und aus ihr
sondern sich erst all die Zellen aus, die den Körper aufbauen, der nichts ist wie das Gefäß für sie als den Inhalt.

Aus dieser Betrachtung ergibt sich mit Notwendigkeit,
daß sich die Geschlechtszellen immer bis zurück zum sich teilenden Ei, dem Grundstein jeder Individualbildung, verfolgen
lassen. Sie sind dessen unmittelbare Fortsetzung. Und wenn
es bisher nicht gelang, sie in allen Fällen dort aufzuspüren,
so ist daran nur die Unvollkommenheit der Forschungsmethode
schuld. Ohne Zweifel wird es glücken, jede Keimzelle ohne
Unterbrechung auf eine Keimzelle der vorhergehenden Generation zurück zu verfolgen. Dann wird die Frage nicht mehr
lauten, wann zuerst in der Entwicklung des Individuums
Fortpflanzungszellen sich zeigen, sondern umgekehrt, wann zuerst mit Sicherheit zu sagen ist, daß sich Zellen abgesondert

haben, die den vergänglichen Körper zu bilden bestimmt sind.

Im letzten Grunde hat es daher keinen Sinn, zu fragen, wann und wo die Geschlechtszellen entstehen. Sie sind von Anfang an da. Aber wer Wert darauf legt, zu wissen, wann sie sich zuerst mit Bestimmtheit aus ihrer Umgebung herausheben und an welcher Stelle des Körpers das geschieht, der mag erfahren, daß in diesen Dingen keine Übereinstimmung herrscht. Bei den Schwämmen z. B. treten sie durch den ganzen Körper verteilt irgendwo auf; bei Hydroidpolypen entstehen sie ebenfalls an sehr verschiedenen Stellen, wandern dann aber an einen bestimmten Platz, wo sie liegen bleiben und ihre weitere Entwicklung durchmachen; bei anderen Organismen wiederum und besonders bei Wirbeltieren zeigen sie sich immer an einem ganz bestimmten Orte und bilden, indem sie sich hier anhäufen, die Geschlechtsdrüse (Gonade), die, je nachdem sie Eier oder Spermatozoen enthält, Eierstock (Ovarium) oder Hoden (Testes) genannt wird.

*   *   *

Von nun ab muß eine getrennte Betrachtung der beiden Arten von Geschlechtszellen vorgenommen werden. Wir befassen uns zunächst mit der Bildung des Eies. In den Ovarien mancher Tiere liegen junge und alte Eier bunt durcheinander gemischt; vielfach aber lassen sich zwei Abschnitte erkennen, die ineinander übergehen und von denen der eine tiefer im Körper gelegene die jüngeren noch in Vermehrung begriffene Keimzellen enthielt, der andere dagegen, der in einen aus dem Körper herausführenden Gang mündet, ältere bereits in die Wachstumsperiode eingetretene Oozyten beherbergt. Nennen wir jenen Abschnitt Keimzone, so darf dieser als Wachstumszone bezeichnet werden. Oogonien und jüngere Oozyten unterscheiden sich kaum von den übrigen Zellen, unter denen sie liegen. Aber sobald sie zu wachsen beginnen, zeigen sich charakteristische Besonderheiten. Sie nehmen nun Substanzen aus ihrer Umgebung auf und lagern sie als Nährmaterial in ihrem Innern ab. Um dies erfolgreicher noch tun zu können, haben manche Tiere die Einrichtung eines

Stieles getroffen, an dem die heranwachsenden Eier sitzen; durch ihn bleiben sie mit der Wand des Eierstockes in Verbindung, aus der ihnen Nahrung zufließt. In erster Linie sind natürlich die Zellen, die der Stielbasis benachbart liegen, an der Ernährung der Eier beteiligt. Aber diese Einrichtungen werden unter Umständen sehr komplizierter Natur. Es können eine oder mehrere Zellen zu der Oozyte hinzutreten und einen festen Verband mit ihr bilden. Wenn diese Zellen das Ei von allen Seiten umgeben, so daß es wie in einem fest anliegenden Säckchen ruht, spricht man von einem Follikel; liegen die Zellen dem Ei nur an der einen Seite an, so bezeichnet man sie als Nährzellen. Der Zweck ist in beiden Fällen derselbe, es handelt sich stets um die Ernährung des Eies, die diesen Zellen obliegt. Besonders ausgebildet sind diese Verhältnisse bei den Insekten. Sie mögen daher als ein Beispiel für viele hier ein wenig genauer geschildert werden; sie geben ein gutes Bild dessen, worauf es ankommt, zumal hier eine Kombination von Nähr- und Follikelzellen stattfindet.

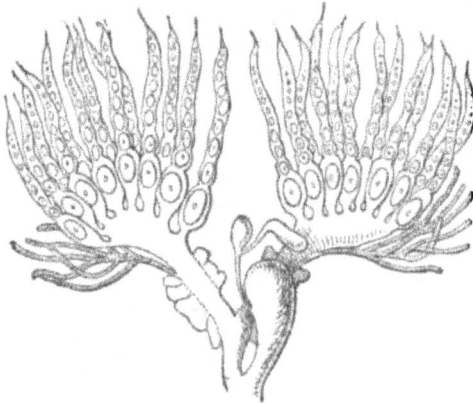

Abb. 8. Hydrobius fuscipes. Eiröhren mit Eiern gefüllt.

Die Insektenovarien stellen sich als lange schlauchartige Gebilde dar, die Eiröhren, die in einem zentralen Teil zusammenlaufen, der als Kelch bezeichnet wird (Abb. 8). An den beiden Enden befinden sich die Keimlager mit den jüngsten Zellen. Je weiter gegen den zentralen Teil die Eier vorrücken, desto größer werden sie. Dabei umgeben sie sich mit kleinen sogenannten Epithelzellen, so daß schließlich in der Röhre ein Follikel hinter dem andern liegt und das Ganze den Anblick von Kammern darbietet, in deren jeder ein Ei ruht. Dieser einfachere Fall ist bei den Geradflüglern (Orthopteren) verwirklicht. Etwas komplizierter gestaltet sich die Einrichtung bei Koleopteren und andern. Da schieben sich nämlich zwischen die Follikel noch Nährfächer ein. Eine Anzahl von Zellen schließt sich zu einer Gruppe zusammen, die dann über dem Ei liegt. Nun wechselt immer eine Nährkammer mit einer Eikammer ab, und wenn, wie das vorkommt, die Eiröhre zwischen den einzelnen Fächern eingeschnürt ist, so bietet das Ganze das Bild einer Perlschnur dar. Die Anzahl der das Ei begleitenden Nährzellen schwankt zwischen eins und fünfzig. Immer zeichnen sie sich durch die Größe ihrer Kerne aus, die oft stark verzweigt sind. Über ihre Funktion kann kein Zweifel bestehen (Abb. 9). Man sieht sie kleine Tropfen ausscheiden, die an das Ei abgegeben werden und oft in breitem Strom bis zu dessen Kerne hinziehen. Dieser selbst streckt dem Nahrungsstrom Fortsätze entgegen, um ihn aufzunehmen. Je größer nun das Ei wird, desto mehr nehmen die Nährzellen ab, bis sie schließlich vom herangewachsenen Ei ganz verzehrt sind. Damit haben sie ihre Aufgabe erfüllt.

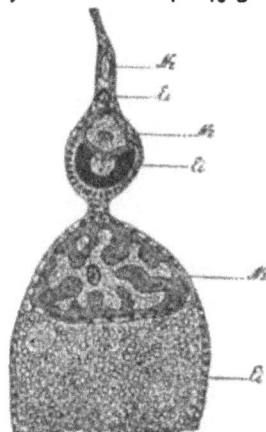

Abb. 9. Forficula auricularia. Eiröhre mit Eiern (Ei) und Nährzellen (Nz).

Immer wieder überrascht die organische Natur durch den Reichtum an Mitteln, mit denen derselbe Zweck erreicht wird. So ist es auch, wenn man betrachtet, wie bei verschiedenen Organismen das Wachstum des Eies bewirkt und gefördert wird. Wohin auch der Blick fällt, immer bieten sich neue, sinnreiche Einrichtungen dem Beschauer dar. Schon innerhalb des Insektenreiches gibt es alle möglichen Variationen und Übergänge. Was eben beschrieben wurde, sollte nur gewissermaßen den vorherrschenden Typus charakterisieren. Ganz anders erreichen nun gewisse Angehörige des Würmerstammes, Rädertierchen (Rotatorien) und Plattwürmer (Plathelminthen) die Ernährung ihrer Eier. Hier sind neben den Eierstöcken besondere mit ihnen in Verbindung stehende Dotterstöcke vorhanden. Sie sind ganz und gar mit Nährzellen angefüllt, die wiederum auf verschiedenem Wege ihre Aufgabe erfüllen. Einige scheiden eine Substanz aus, die an die Eier abgegeben und von ihnen aufgenommen wird. Aber viel häufiger geschieht es, daß sich Zellen aus dem Dotterstock lösen und den Eiern beigesellen. Sie werden dann mit dem Ei zusammen in eine Schale eingeschlossen und dienen dem sich entwickelnden Keime zur Nahrung. Auch kommt es vor, daß mehrere Eier mit sehr vielen Dotterzellen zusammen in einen Behälter, den man als Kokon bezeichnet, gebracht werden. So wird von einem Strudelwurm (Planaria polychroa) berichtet, daß seine Kokons vier bis sechs Eier mit etwa zehntausend Dotterzellen enthalten. Die Dotterzellen sind Nährzellen; aber sie unterscheiden sich von jenen, die wir bei den Insekten kennen lernten, dadurch, daß sie nicht mehr das Ei, sondern den aus ihm sich entwickelnden Embryo zu ernähren haben: sie sind sein Futter, solange er noch nicht selbst für sein Weiterkommen sorgen kann.

Wie mag es wohl zur Ausbildung solcher Dotter- und Nährzellen gekommen sein? Folgende Beobachtung weist auf die Antwort hin. Bei gewissen Würmern, den Oligochaeten, zu denen der Regenwurm gehört, und bei Schnecken begegnen wir der Erscheinung, daß von vielen, unter Umständen mehreren hundert Eiern, die in einem Kokon abgelegt werden, sich nur ganz wenige entwickeln, alle übrigen aber zu deren Ernährung verwandt werden. Hier sind also die Eier selbst zur Nahrung für die aus ihresgleichen hervorgehenden jungen Organismen bestimmt: Eizellen werden Nährzellen. Was hier noch ganz unmittelbar vor Augen liegt, das mag dort, wo es in dieser Ursprünglichkeit nicht mehr zur Anschauung kommt, in so frühem Zeitpunkt eintreten, daß es uns als das, was es wirklich ist, nicht ohne weiteres erkennbar wird. Vielleicht sind Dotterzellen, ja Nährzellen überhaupt immer Keimzellen, die nur ihre ursprüngliche Bestimmung nicht erreichen, sondern abortiv und umgewandelt werden. Da hätten wir denn ein Beispiel dafür, daß sich Fortpflanzungszellen zu andersartigen Elementen umbilden können. Das ist nichts Erstaunliches. Letztlich sind ja alle Zellen des Körpers umgewandelte Fortpflanzungszellen und dienen der

Ernährung und Erhaltung jener Elemente, denen das kost-
barste Gut der Organismen, die Beständigkeit ihres Daseins,
anvertraut ist.

Mannigfach wie die Einrichtungen, die dem Ei auf seinem
Entwicklungsgang helfend zur Seite stehen, sind auch die Gestalten, unter denen es fertig gebildet sich zeigt. Die Formen
nämlich, die der Beobachtung am leichtesten zugänglich sind,
die Vogeleier, stellen nur ein Extrem dar, von dem man nicht
etwa auf das Aussehen anderer schließen darf. Nehmen wir
einen primitiven Organismus, der uns auch früher schon be-
schäftigt hat und sehen wir zu, wie die Eier gestaltet sind,
die er produziert. Das Ei des Süßwasserpolypen, der Hydra,
sieht etwa wie eine Amöbe aus;
es besitzt zahlreiche Scheinfüßchen (Pseudopodien) und vermag mit ihrer Hilfe sich fortzubewegen (Abb. 10). Freilich
verliert es die Fähigkeit hierzu,
wenn es älter wird; damit
sind auch die Scheinfüßchen
unnütz geworden; das Ei zieht

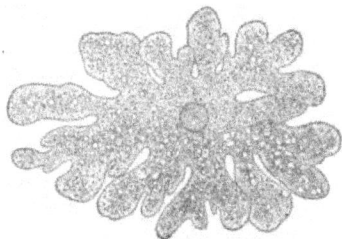

Abb. 10. Hydra viridis.
Ei mit Scheinfüßchen.

sie ein und rundet sich ab. Kugelig oder oval ist die
Form der meisten Eier; nur wenige weichen von diesem
Typus ab. Ungeheuer aber ist die Verschiedenheit in der
Größe: von mikroskopischer Kleinheit führen zahlreiche Ab-
stufungen bis zum Straußenei hin. Aber wie groß oder
wie klein ein Ei auch sein mag, immer hat es den Wert
nur einer Zelle. So sind auch seine Bestandteile keine anderen
wie jene, die sich bei jeder Zelle finden: Zelleib und Zellkern.
Der Kern des Eies hat einen besonderen Namen, der aber
leicht irrige Vorstellungen hervorrufen möchte; man nennt
ihn Keimbläschen, obgleich diesem Worte keine tiefere Bedeutung innewohnt. Der Kern der Eier ist stets groß und meist
kugelig; er liegt nicht immer im Mittelpunkt des Eikörpers.
Meistens läßt sich in seinem Innern ein bestimmt umgrenzter
Körper erkennen; er wird Keimfleck (Macula germinativa) genannt, hat aber gewiß nicht die Bedeutung, die durch dieses
Wort angedeutet wird — in der Tat wissen die Forscher

nichts Rechtes über ihn zu sagen. Im Kern der Eier finden sich immer chromatische Gebilde in der Form von Fäden oder Strängen, manchmal auch von Ballen (Abb. 11).

Der Körper des Eies, das Ooplasma, gibt dem Ganzen die charakteristischen Züge. Er ist bei den verschiedenen Tieren sehr verschieden gestaltet. Diese Verschiedenheit beruht in erster Linie darauf, daß in der Menge des eingelagerten Nährmaterials große Differenzen herrschen. Das Nährmaterial oder der Dotter (Deutoplasma) wird aus den Substanzen gebildet, die dem Ei zugeführt werden, wie es oben (S. 48) beschrieben wurde. Diese Substanzen bedürfen der Umwandlung; sie wird vom Ei selbst vorgenommen und zwar unter dem Einfluß seines Kernes. Die Substanzen erhalten hierbei die Form von Körnchen, werden nun im Eikörper verteilt und machen oftmals so sehr die Hauptmasse desselben aus, daß sein Protoplasma nur noch als ein feines Netzwerk erscheint, dessen Maschen dicht von Dotterelementen erfüllt sind. Ihrer Gestalt nach zeigen die Dotterelemente Verschiedenheiten: sie erscheinen als kleinere und größere Körnchen,

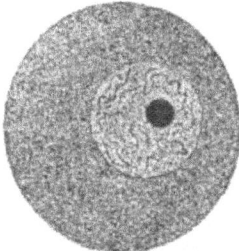

Abb. 11. Asterias glacialis. Ei mit Kern und Kernfleck (konserviertes und gefärbtes Präparat).

Plättchen, Täfelchen oder auch Schollen. Die Farbe des Eies hängt wesentlich von der Färbung seines Dotters ab. Selten ist dieser farblos, oft opak oder gelblich; doch gibt es auch rote, blaue, violette Färbungen. Das Froschei ist infolge des in ihm vorhandenen Pigmentes schwarz. Die Vogeleier besitzen zwei Arten von Dotter, den gelben und den weißen.

Was nun die Größenunterschiede der Eier betrifft, so sind sie durch die mehr oder weniger reichliche Anhäufung von Dotter bedingt, die im Ei stattfindet. Dies steht wieder in Zusammenhang mit den Bedingungen, unter denen sich der Keim zu entwickeln hat. Man könnte meinen, große Tiere hätten auch große Eier zu produzieren. Allein zwischen diesen beiden Momenten besteht keine Abhängigkeit. Das wird sofort klar, wenn man daran denkt, daß das Säugetierei nur

einen Durchmesser von 0.2 mm besitzt, während das Ei des
erheblich kleineren Huhnes viele tausendmal größer ist. Aber
warum sind nun die Eier mancher Tiere so schwer mit Nährmaterial belastet, während sie bei anderen fast frei davon
bleiben? Betrachten wir die zwei oben erwähnten Extreme.
Das Ei des Säugetiers kommt im Innern der Mutter zur
Entwicklung. Der Keim steht während der größten Zeit seiner
Ausbildung mit dem mütterlichen Organismus in unmittel-
barer Verbindung, dieser sorgt dafür, daß dem Embryo die
nötige Nahrung zugeführt werde, er liefert sie ihm, indem er
sie direkt aus seinem Körper in den jenes überleitet. Löst sich
der junge Organismus von der Mutter, dann ist er soweit ausgebildet, daß er Nahrung aufnehmen kann, die von
außen an ihn herangebracht wird. Ohne Zweifel wäre es
ganz überflüssig, würde das Ei des Säugetiers mit erheblichen
Mengen von Nährmaterial ausgestattet. Deshalb ist es dotterarm und infolgedessen klein. Ganz anders liegt die Sache
bei dem Vogel. Das Huhn legt sein Ei ab, nachdem dieses eben
erst angefangen hat, sich zu entwickeln. Von jetzt ab ist
jede Verbindung mit dem mütterlichen Körper abgebrochen:
was der Keim nicht mitbekommen hat, kann ihm nicht nach-
geliefert werden. Nun ist so ein Hühnchen in dem Augenblick, da es die Schale zerbricht, doch schon ein recht statt-
liches Wesen: da sind die Glieder, die es sofort zu regen beginnt, da sind die Federchen, die Augen, der Schnabel, kurz,
alle inneren und äußeren Organe, die eben ein Hühnchen
ausmachen. Wo soll das Ei wohl all das Material her-
nehmen, das zum Aufbau eines solchen Körpers nötig ist?
Nach außen ist es durch die feste Schale abgeschlossen, von
da ist kein Sukkurs zu erwarten. Also muß, wessen es bedarf, ihm mitgegeben sein, sobald es den mütterlichen Körper
verläßt. Und so ist es auch; denn all der weiße und gelbe
Dotter dient nur als Material, von dem die entstehenden
Zellen sich nähren, aus dem sie sich aufbauen. Wenn das
Hühnchen die Eischalen zerbricht und abwirft, so sind sie leer
geworden und ohne Inhalt: die gesamten Dottersubstanzen sind
verbraucht, umgewandelt in lebendige Zellen, zum Organismus geformt.

Jedes Ei hat soviel Dotter, wie der sich entwickelnde Keim bedarf bis zu dem Augenblick, da er selbständig wird. Danach richtet sich also die Größe des Eies. Machen wir einige Proben auf das Exempel. Alle Tiere, die im Innern der Mutter sich ausbilden, müssen kleine, dotterarme Eier haben. Daß dem so ist, wurde schon durch das Säugetierei bewiesen. Aber wir finden andere Eier, die auch sehr klein und doch gezwungen sind, sich ohne jede Hilfe zu entwickeln. So besitzen Seesterne und Seeigel die kleinsten Eier, die wir kennen: sie sind nicht größer als ein Pünktchen, das mit feingespitztem Bleistift noch eben sichtbar aufs Papier gezeichnet wird. Wie soll also aus einem so winzigen bißchen Substanz ein noch so kleiner Seestern mit seinen fünf Armen und ihrem Kalkgerüst werden? Freilich, das wäre nicht möglich. Aber hier walten andere Verhältnisse ob. Das Seesternei entwickelt sich sehr schnell zu einer kleinen, aus verhältnismäßig wenig Zellen bestehenden Larve; dazu verbraucht es den wenigen Dotter, der im Ei aufgestapelt ist. Ist das aber geschehen, so hat sich schon ein kleiner Organismus ausgebildet, der zu selbständiger Existenz befähigt ist. Denn die Seesternlarve, so fein und zart sie auch ist, kann frei umherschwimmen, kann Futter aufnehmen und verdauen, kann sich also neues Material verschaffen, mit dem sie den weiteren Ausbau ihres Körpers vollendet. Auch hier wäre die Anhäufung großer Mengen von Dotter ein Luxus. Und diese Betrachtungsweise führt in allen Fällen, denen wir begegnen, zur gewünschten Einsicht. Die größten Eier finden sich bei Vögeln, Reptilien und manchen Fischen, weil hier die Entwicklung der Keime fast in ihrer ganzen Ausdehnung außer Zusammenhang mit dem Mutterorganismus vor sich geht und sich bis zu einem relativ weit vorgeschrittenen Stadium fortsetzt. Kleiner sind die Eier überall da, wo schnell ein Jugendzustand, ein Larvenstadium erreicht wird, auf dem das Individuum befähigt ist, sich selbständig Nahrung und damit Material zum weiteren Ausbau seines Körpers zu beschaffen; so ist es bei Würmern und Stachelhäutern. Klein auch und dotterarm können die Eier solcher Tiere sein, bei denen der Zusammenhang mit der Mutter so lange für Nahrungsmittel sorgt, bis der Embryo auf andere Weise sein Futter gewinnen kann; dafür bieten die Säuger und andere vivipare Tiere den Beleg.

Aber nicht nur in dieser Weise sind die Eier auf die Bedingungen eingerichtet, unter denen sie sich zu entwickeln haben. Ein anderes noch ist zu beachten. Jedem jungen Wesen drohen Gefahren, die seinen Untergang herbeiführen können. Dennoch sind die Aussichten für die Nachkommen nicht bei allen Organismen gleich. Der Keim des Säugetiers genießt weit mehr Schutz, als etwa der Laich eines Frosches oder Fisches. Denn jener ist gegen viele Fährlichkeiten behütet, derweilen er im Schoße der Mutter ruht, während die sich entwickelnden Froscheier vom ersten Augenblick an fast jeglichen Schutzes bar, widrigen Zufällen preisgegeben sind. Noch ungünstiger sind solche Organismen gestellt, die parasitisch leben. Man denke einmal, wie viele glückliche Ereignisse zusammentreffen müssen, bis ein Bandwurmei zum geschlechtsreifen Tier sich ausbilden kann: von dem Parasiten, der etwa im Darm des Menschen lebt, lösen sich, wie bekannt, von Zeit zu Zeit Glieder, „Proglottiden", ab, die mit jungen Embryonen gefüllt sind. Die Proglottiden gelangen mit den Fäkalien ins Freie. Hier müssen sie nun, um weiter zu kommen, von einem Schweine oder Rinde, je nach der Art, um die es sich handelt, gefressen werden. Denn erst im Magen dieses ihres „Zwischenwirtes" wird der Bandwurmembryo aus der Hülle, die ihn umschließt, frei und kann sich nun weiter entwickeln, indem er, die Magenschleimhaut durchbohrend und den Blutbahnen folgend, in die Muskeln eindringt und sich dort zur Finne wandelt. Aber die Finne, die in einer festen Hülle steckt, muß sterben, ohne sich fortpflanzen zu können, wenn sie nicht aus ihrem Gefängnis befreit wird. Das kann nur geschehen, wenn das finnige Fleisch von einem Menschen genossen wird; erst durch dessen Magensäfte wird die Finne der Freiheit zurückgegeben und kann sich nun zum Bandwurm weiter entwickeln. Welch ein langer Weg ist das, und wie selten werden all die Umstände eintreten, von denen es abhängt, ob aus dem Bandwurmei wieder ein Bandwurm werden kann. Mit diesen Verhältnissen hängt es zusammen, daß die Zahl der Eier, die erzeugt wer-

ben, außerordentlich verschieden ist. Säugetiere und Vögel ent-
wickeln sich unter günstigen Lebensbedingungen, Frösche und
Fische sind schon wesentlich ungünstiger gestellt, aber der
Bandwurm übertrifft sie darin weit und hat die allergeringste
Chance, daß seine Eier zu fortpflanzungsfähigen Individuen
heranwachsen. Solche Ungleichheit wird bis zu einem gewissen Grade dadurch ausgeglichen, daß die gefährdeten Arten
mehr Eier hervorbringen, als die geschützten. Parasitische
Würmer erzeugen daher ganz enorme Mengen, Millionen und
Abermillionen, während die Anzahl reifer Eier, die etwa ein
Vogel im Laufe seines Lebens produziert, damit verglichen,
ganz minimal ist, ein Huhn z. B. wird es noch nicht auf
tausend bringen.

Viele Eier sind mit Hüllen umgeben, aber das ist durchaus nicht bei allen der Fall. Je längere Zeit die Entwicklung eines abgelegten Eies bedarf, desto resistenter sind seine
Hüllen. Bei Seetieren geht die Ausbildung des Eies zur
Larve sehr schnell vor sich; da bleiben die Hüllen zart oder
fehlen auch ganz. Schwämme, Hydrozoen, Siphonophoren,
Anthozoen, Echinodermen und manche Lamellibranchiaten besitzen völlig nackte Eier. Cephalopoden, Insekten, Reptilien
und Vögel dagegen schützen ihre Eier, indem sie sie mit
dicken, oft mehrfachen Hüllen umgeben und diese, wie es auch
manche Actinien tun, obendrein noch mit Stacheln bewehren.
Man unterscheidet Hüllen, die vom Ei selbst gebildet und
als Dotterhaut bezeichnet werden, solche, die sekundär von
den das Ei umgebenden Follikelzellen geliefert und Chorion
genannt werden, und schließlich solche, die tertiär entstehen,
wenn das Ei die Ausfuhrgänge passiert; zu ihnen gehören
die pergamentartigen Hüllen der Reptilieneier und die Schalen
der Vogeleier. So kann das Ei ein höchst kompliziertes Gebilde werden. In der Tat baut sich das Vogelei aus einer
ganzen Anzahl von Bestandteilen auf. In der Mitte liegt
der umfangreiche gelbe Dotter, auf dem die kleine helle Keimscheibe, das eigentliche Ei mit dem Kern ruht; der gelbe
Dotter wechselt in konzentrischen Schichten mit dem weißen
Dotter ab, der auch unter der Keimscheibe eine stärkere Ansammlung bildet; das Ganze ist von der Dotterhaut umgeben.

So sieht das Ei im Eierstock aus, wenn es den Follikel verläßt und nun durch den Eileiter nach außen zu wandern
beginnt. Auf diesem Wege erleidet es nun aber noch manche
Umgestaltung. Zunächst wird es mit Eiweiß schichtenweise
umgeben; die innerste der Schichten setzt sich an zwei einander gegenüberliegenden Punkten in je einen spiraligen
Strang fort, der durch das übrige Eiweiß hindurch zu je einem
der beiden Pole des Eies hinzieht; man nennt diese Gebilde Hagelschnüre oder Chalazen. Um das Eiweiß legt sich
die Schalenhaut; sie besteht aus zwei Schichten, die am stumpfen
Eipol auseinanderweichen und so die Luftkammer bilden.
Endlich wird um das ganze eine
feste Kalkschale gelegt, die das Ei
nach außen abschließt (Abb. 12).
Doch ist eine gewisse Kom-
munikation mit der Umgebung
möglich und nötig: der Embryo
bedarf, um sich entwickeln zu
können, der Luft, und diese
kann durch die poröse Schale in
das Innere eintreten.

*   *   *

Es würde zu weit führen,
sollten hier auch nur die auf-
fallendsten Modifikationen beschrieben werden, unter denen
sich Eier präsentieren. Außerordentlich und erstaunlich ist der
Reichtum sinnreicher Einrichtungen, die stets den besonderen
Bedingungen entsprechen, unter denen sich die Entwicklung
zu vollziehen hat. Lassen wir es mit dem Gesagten genug
sein und wenden wir uns nun zu dem Gegenpart des Eies,
dem Spermatozoon. Freilich ist der Werdegang des Eies
noch nicht vollständig geschildert worden, denn von der dritten
Periode, die es durchzumachen hat, der Reifung, war noch
nicht die Rede. Sie soll, weil sie beim Spermatozoon ganz
analog verläuft, an der geeigneten Stelle mit dessen Reifung
zugleich beschrieben werden. Jetzt zunächst zur Samenzelle,
wie entsteht sie, wie sieht sie aus?

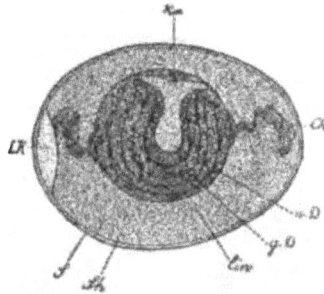

Abb. 12. Längsschnitt durch das
Hühnerei. Km = Keimscheibe
mit Eikern; wD = weißer Dotter;
gD = gelber Dotter; Eiw = Eiweiß; Ch = Chalazen; LK = Luftkammer; Sh = Schalenhaut;
S = Schale.

In einem nur gleicht sie dem Ei, auch sie ist eine Zelle. Im übrigen aber ist sie von jenem so verschieden wie nur möglich. Ist das Ei groß und nur in sehr geringem Maße mit Bewegungsfähigkeit ausgestattet, so ist das Spermatozoon klein und äußerst mobil. Seine ganze Gestalt ist für Bewegung eingerichtet, alles an ihm ist auf das unumgänglich Notwendige zusammengedrängt: es ist mit keinerlei Nährsubstanzen belastet, der Zellkörper selbst ist auf ein Minimum reduziert, er besteht fast nur aus dem Zellkern und einem langen Geißelfaden, der die Bewegung erzeugt. Denn daß es sich bewegt, ist von größter Wichtigkeit. Die Samenzellen gelangen immer in flüssige Medien, in denen sie sich mit den Eiern zu vereinigen haben. An ihnen ist es nun, das Zusammentreffen zu bewerkstelligen, sie müssen das Ei, das unbeweglich bleibt, zu finden wissen. Sollen sie aber ihre Aufgabe erfüllen, so müssen sie die Fähigkeit besitzen, sich leicht und schnell fortzubewegen. So ist es in der Tat. Nichts ist frappierender, als ihre blitzschnellen Bewegungen, wie sie eilig durchs Wasser hinschießen, getrieben von dem ununterbrochen schlagenden Geißelfaden.

Doch sehen wir uns die Spermatozoen ein wenig näher an. Folgendes ist der Typ, nach dem weitaus die meisten gebaut sind: Drei Regionen lassen sich an ihnen erkennen, Kopf, Mittelstück und Schwanzfaden. Der Kopf wird fast ganz vom Kern ausgefüllt, über den sich nur eine dünne, oft kaum erkennbare Protoplasmaschicht legt. Manchmal hat er vorne eine besonders fein ausgezogene, harte Spitze, die ihm das Eindringen ins Ei erleichtert. Der Kopf selbst kann kugelig, oval, scheiben-, spindel- oder hakenförmig sein; er kann sich auch spiralig winden oder die Gestalt eines Pfriemens haben. Aber welches auch im einzelnen seine Form sein mag, stets läßt sie sich mit der Funktion erklären, die dem Spermatozoon zukommt, und die darin besteht, das Ei aufzusuchen und in sein Inneres einzudringen. Der Schwanz oder die Geißel des Spermatozoons ist ein feiner, langer Faden, der sich aber doch als aus einem Achsenfaden und einer diesen umhüllenden Schicht zusammengesetzt erweist. Diese einfachste Form wird nun mannigfach modifiziert, vor allem in der

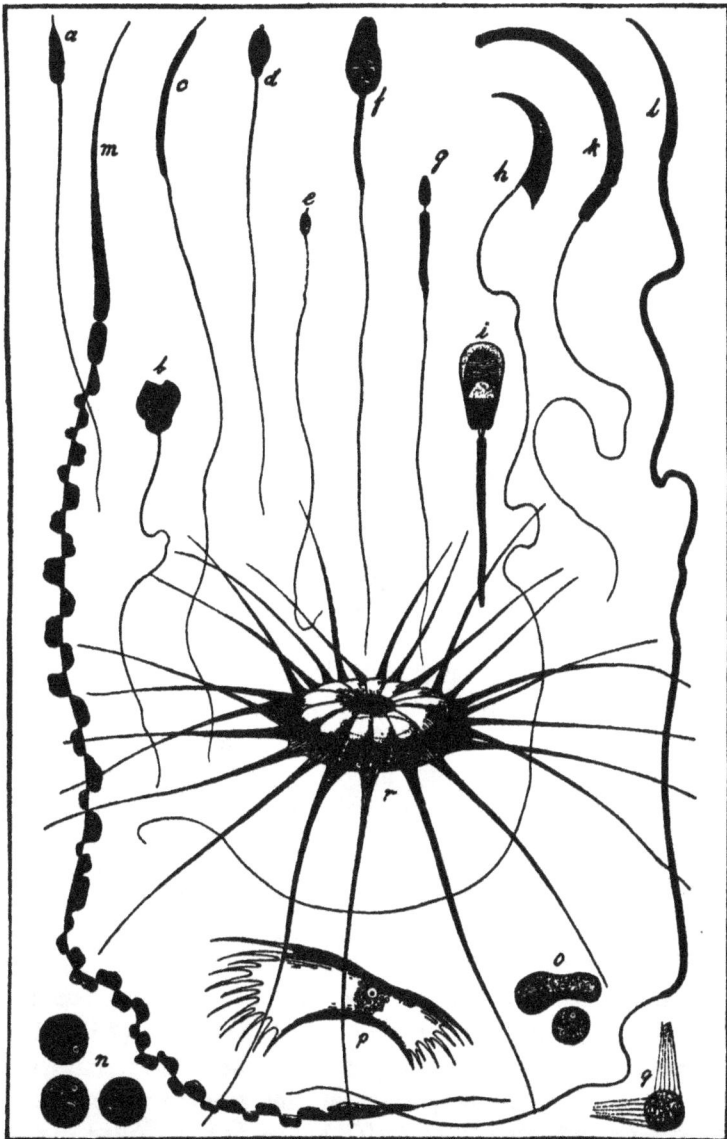

Abb. 18. Spermatozoen und Spermatosome.

a) Aurelia aurita; b) Crossaster papposus; c) Allobophora terrestris;
d) Patella pellucida; e) Ciona intestinalis; f) Equus caballus; g) Vesperugo
noctula; h) Mus decumanus; i) Bos taurus; k) Larus ridibundus; l) Columbia
livia; m) Triton marmoratus; n) Latona setifera; o) Daphnella brachyura;
p) Sida crystallina; q) Moina sedirostris; r) Astacus fluviatilis.

Weise, daß der Schwanzfaden mit einem feinen undulierenden Saum besetzt wird, der in verschiedenster Ausbildung auftritt. Zwischen Kopf und Schwanz schiebt sich das Mittelstück ein. Es ist nicht immer scharf gegen den Kopf abgesetzt. Meist aber läßt es sich leicht erkennen; es hat die Gestalt eines Knöpfchens, kann auch mehr zylindrisch, walzenförmig oder auch spiralig geformt sein (Abb. 13a bis m). Über die Bedeutung des Mittelstückes wird an anderer Stelle noch einiges zu sagen sein.

Neben geißeltragenden Spermatozoen kommen auch solche ohne Geißel vor. Die Krustazeen besitzen deren. Sie sind viel größer als die anderen und höchst einfach gestaltet. Andere wiederum weisen einen außerordentlich komplizierten Bau auf. Es sei nur auf das Spermatozoon des Flußkrebses (Astacus fluviatilis) hingewiesen, das, trotzdem mehrere Forscher es genau untersucht haben, noch immer voller Rätsel steckt (Abb. 13 n bis r). Überhaupt herrscht hier eine große Mannigfaltigkeit von Formen, die im Einzelnen noch sehr der Klärung bedarf. Für die Zwecke, die dieses kleine Buch verfolgt, genügt es jedoch, wenn das Typische hervortritt und in seiner Bedeutung erkannt wird. Und da kann zweierlei als gesichert betrachtet werden, nämlich daß auch das Spermatozoon eine Zelle ist, und dann, daß die Besonderheiten ihrer Form aus der Aufgabe abzuleiten sind, die sie zu erfüllen hat.

Aber wie entstehen Spermatozoen? Es ist klar, daß gerade bei solchen Zellen erhebliche Umwandlungen stattfinden müssen, bis sie ihre charakteristische Gestalt erlangt haben. So ist es in der Tat. Einmal wurde darauf hingewiesen, daß die Geschlechtszellen zwar sehr frühe von den Körperzellen zu unterscheiden seien, daß es aber oft keine Möglichkeit gebe, zu entscheiden, ob man künftige Eier oder Spermatozoen vor sich habe. Daraus schon läßt sich entnehmen, daß der Verlauf der frühesten Keimesgeschichte in beiden Fällen gleich ist. Unterschiede treten erst auf, wenn die Zellen in die Wachstumsperiode eintreten. Aber hier bieten die Samenzellen der Untersuchung besondere Schwierigkeiten dar. Die Tendenz der Entwicklung ist eine ganz andere wie beim Ei. Hier

war es die Gestaltung einer recht voluminösen Zelle, die er-
strebt wurde, bei der Samenzelle soll ein möglichst kleines
Gebilde zustande gebracht werden. Was aber der einzelnen
Zelle an Masse vorenthalten wird, das wird zur Schaffung
einer möglichst großen Anzahl verwendet. So hat es denn
der Forscher hier mit außerordentlich zahlreichen, aber sehr
kleinen Gebilden zu tun.

Das Organ, das die Samenzellen enthält, heißt H o b e n.
Eine sehr primitive Form derselben besitzt der Süßwasser-
polyp. Sie liegen bei ihm unter dem Tentakelkranz und ragen
zunächst nur wenig über der Körperoberfläche hervor. Allmählich treten sie deutlicher hervor und wölben sich schließlich mammaförmig vor. Im Innern eines solchen Hodens
liegen nun zahllose Keimzellen in verschiedenen Aus-
bildungsstadien (vgl. auch Abb. auf S. 89). Die jüngsten
von ihnen, die den ursprünglichen Keimzellen sehr nahe
stehen, befinden sich noch in der Vermehrungsperiode; sie
teilen sich fortgesetzt und liefern so die Spermatogonien. Aus
diesen gehen gleichfalls durch Teilungen die Spermatozyten
hervor, die nun heranwachsen und dann durch zweimalige
Teilung Spermatiden entstehen lassen. Sie wandeln sich
schließlich direkt in Spermatozoen um. So lassen sich im
Hoden dieselben Zonen wie im Eierstock abgrenzen; auch
hier gibt es eine Keimzone, eine Wachstumszone und eine
Reifungszone. Die Spermatogonien teilen sich sehr schnell;
so kommt es, daß Spermatozoen bei vielen Tieren in
Bündeln auftreten, und man darf annehmen, daß solche Bün-
del häufig durch Teilungen aus einer Zelle hervorgegangen
sind. Oft finden sich den Spermatozoenbündeln Hilfszellen
angelagert; sie bilden deren Basis und besorgen ihre Ernährung. Ähnlich steht es mit einer Einrichtung, die sich
beim Seidenspinner (Bombyx mori) findet. Da sind im Hoden große protoplasmareiche Zellen zu sehen, denen viele
kleine Keimzellen anliegen. Der Leser erinnert sich hierbei
an die Nährzellen der Eier. Aber während dem Ei meist
mehrere Zellen zur Verfügung standen, teilen sich hier umgekehrt eine große Zahl von Spermatozoen in eine einzige
Nährzelle. Denn daß es sich immer um Einrichtungen han-

belt, die der Ernährung der sich entwickelnden Geschlechtszellen dienen, ist nicht zu bezweifeln.

Spermatiden erscheinen noch als ganz typische Zellen;
sie besitzen einen kugeligen Zelleib mit einem großen Kern.
Wie alle Zellen, sind sie das Produkt einer Teilung, demgemäß finden sich alle jene Bildungen vor, die bei Zellteilungen in Tätigkeit treten. In einem früheren Kosmos-
Bändchen („Vom Leben und vom Tode", S. 42 ff.) habe
ich eine Skizze der Zellteilung entworfen. Hier muß der
Vorgang etwas eingehender geschildert werden, da ohne sein
Verständnis der Bau des Spermatozoons nicht begreiflich
zu machen ist. Wir werden aber erkennen, daß die drei
Teile, aus denen sich die Samenzelle zusammensetzt, nämlich Kopf, Schwanz und Mittelstück durch die Verwandlung
ganz bestimmter Zellorgane zustande kommen, die gerade bei
der Teilung eine wichtige Rolle spielen. Wie also fängt
es die Zelle an, sich zu teilen?

Im Groben ist der Vorgang schon geschildert worden,
als von der Fortpflanzung einzelliger Wesen die Rede war; sie
ist ja nichts anderes als Zellteilung. Jetzt aber sollen die
feineren Einzelheiten ins Auge gefaßt werden. Sie spielen
sich vorwiegend im und am Kern ab. Diesen lernten wir bisher
nur oberflächlich kennen. Aber er ist keineswegs ein so einfaches Ding. Ja, es kann wohl gesagt werden, daß in ihm
die größten Rätsel organischen Geschehens beschlossen liegen.
Doch wie sieht der Zellkern im einzelnen aus? Er ist immer
aus mehreren, zum mindesten aus zwei Substanzen zusammengesetzt. Die eine davon spielt im Leben der Organismen eine
bedeutende Rolle. Sie heißt Nucleïn oder Chromatin. Nucleïn
bedeutet Kernstoff, Chromatin leitet sich von dem griechischen
Wort für Farbe (Chroma) ab und soll besagen, daß diese
Substanz Farbstoff besonders gut aufnimmt und festzuhalten
vermag. Das ist für die Herstellung instruktiver Präparate von
hohem Werte. Denn auf diese Weise wird es möglich, Feinheiten
sichtbar zu machen, die sonst ewig verborgen bleiben müßten.
Die chromatische Substanz des Zellkerns ist also in besonderer
Weise befähigt, Stoffe wie Karmin, Hämatoxylin oder Anilin-
farben aufzuspeichern. Chromatin ist ein hochwertiges Ei-

weiß, setzt sich also aus Kohlen-, Wasser-, Sauer-, Stickstoff und Phosphor zusammen. Man hat folgende komplizierte chemische Formel dafür aufgestellt: $C_{28} H_{49} N_9 P_3 O_{22}$; der Leser wolle aber sein Gedächtnis durch sie nicht beschweren. Chromatin erscheint in sehr verschiedenen Formzuständen. Bald sind es feine Körnchen, bald Fäden, bald kleine Klumpen oder ein Wabenwerk. Auch in derselben Zelle ist es nicht zu allen Zeiten gleichgeformt; je nach der Lebensphase, in der sich die Zelle befindet, ändert es sein Aussehen. Am charakteristischsten tritt es hervor, wenn sich die Zelle und ihr Kern teilen. Dabei geht es, wie folgt, zu.

Die Zell- und Kernteilung läuft in vier Phasen ab. Die erste von ihnen heißt Prophase. Der Zellkern befindet sich zunächst noch im ruhenden Zustand. Dann rücken die überall verteilten Chromatinkörnchen an einzelnen Stellen dichter zusammen und ordnen sich zu gewundenen feinen Fäden an. Diese, die noch kleine Zacken und Höcker zeigen, werden allmählich kompakter und treten schließlich in scharfer Konturierung hervor. Sie haben die Gestalt von Stäbchen oder von Schleifen. Man bezeichnet sie jetzt als Chromosomen. Gleichzeitig mit diesen Vorgängen im Innern des Kernes gehen im Protoplasma, und zwar an der Peripherie des Kernbläschens gewisse Veränderungen vor sich. Ein winzig kleines Körnchen, das als Zentrosoma bezeichnet wird, hat sich zweigeteilt, und bei scharfem Hinsehen bemerkt man, daß aus sehr feinen Strahlen bestehende Sternchen um die beiden Körnchen entstanden sind, die auch ihrerseits durch zarte Fädchen miteinander in Verbindung getreten sind. Dies Gebilde ist die erste Anlage der Kernspindel. Die zweite oder Metaphase der Zell- und Kernteilung beginnt damit, daß die Kernmembran undeutlich wird und sich auflöst. Die Chromosomen liegen nun nackt mitten im Protoplasma des Zellkörpers. Die beiden Zentrosomen rücken weiter auseinander, und die Spindel nimmt an Ausdehnung und Deutlichkeit zu. Zugleich auch wird der Strahlenkranz um jedes der beiden Zentralkörperchen größer, einzelne Strahlen dringen tief in das Innere des Protoplasmakörpers ein und heften sich an die Chromosomen an, die sich inzwischen noch verkürzt haben und dicker geworden sind. Auf diese Art werden die chromatischen Elemente in die Mitte der Spindel geführt und ordnen sich dort zu einer regelmäßigen Figur an, die, weil sie im Äquator der Spindel liegt, Äquatorialplatte genannt wird. Jedes einzelne der chromatischen Stäbchen hat sich mittlerweile durch einen feinen Spalt der Länge nach in zwei völlig gleiche Teile geteilt, die aber noch dicht beieinander liegen. Diese Längsspaltung der Chromosomen bewirkt also, daß die Zahl der chromatischen Elemente verdoppelt wird. Nun beginnt die dritte oder Anaphase. Sie ist dadurch charakterisiert, daß die Spalthälften der Chromosomen sich immer weiter voneinander entfernen und in entgegengesetzter Richtung nach den Strahlungsmittelpunkten hin auseinander rücken. Sie nähern sich so den Zentrosomen bis auf eine geringe Entfernung und bleiben hier zunächst eine Weile liegen. Damit setzt die vierte und letzte, die Telophase ein. Jede der beiden Gruppen von Chromosomen wandelt sich wieder zu einem Kernbläschen um. Die einzelnen Elemente lockern sich und lassen kleine Fortsätze an ihrer Oberfläche entstehen. Es tritt eine zarte Kernmembran hervor. Die Strahlung um das Zentrosom wird schwächer und schwächer. Der Kern nimmt mehr und mehr an Umfang zu, indem Kernsaft in sein Inneres diffundiert. Die Chromosomen lösen sich weiter auf, bis sie schließlich wieder als über den ganzen Kern verteilte Chromatinkörnchen erscheinen: wir erkennen das Stadium des ruhenden Kernes wieder, von dem die Beschreibung ausging.

Das alles betraf den Zellkern. Aber auch der Zellkörper macht erhebliche Veränderungen durch. Wenn die Tochterchromosomen, die aus der Spaltung der ursprünglichen Elemente entstehen, auseinanderzurücken beginnen, streckt sich ziemlich plötzlich, ruckartig, der Zellkörper in die Länge. Bald sieht man in seinem Äquator eine seichte Furche entstehen, die von der Peripherie gegen das Zentrum vordringt: so wird die Zelle in zwei Teile geteilt. Jeder der beiden erhält einen Kern, jeder ist nun eine neue und ganze Zelle. So greifen Zell- und Kernteilung ineinander über, sind eng miteinander verbunden.

Überblickt man den ganzen Vorgang noch einmal, so fällt

eines daran besonders auf. Jener feine Apparat, der sich
aus Zentrosomen und Strahlensystem aufbaut, scheint eine
ganz bestimmte Aufgabe zu erfüllen; er sorgt für eine möglichst exakte Verteilung des Chromatins auf die entstehenden
Tochterkerne und -zellen. In der Tat könnte man sich kaum
eine zuverlässiger arbeitende Maschinerie denken, als sie diese
feinen Fädchen darstellen. Mit fast niemals fehlender Sicherheit wird jedes Chromosom in zwei ganz gleiche Hälften geteilt und immer die eine Hälfte auf diesen, die andere auf
jenen der beiden Tochterkerne verteilt. So kann man sagen,
das Wesentliche des Zellteilungsvorgangs liegt in der Ver-
doppelung des Zellindividuums, das Wesentliche der Kernteilung aber wird in der Exaktheit zu erkennen sein, mit der
die chromatische Substanz an die neuentstandenen Zellen über-
wiesen wird. Da schaut nun wieder eine Frage, ein Problem
hervor. Warum erfordert dieses Chromatin so sorgfältige
Behandlung? Die Antwort hierauf kann jetzt nicht erfolgen,
sie wird sich aber im Laufe unserer Betrachtungen ganz von
selbst einstellen.

Zellkern mit chromatischem Inhalt, Zentrosoma mit Strahlensphäre und Zellkörper, das sind die Elemente, die bei der
Teilung in Aktion treten. Sie sind normalerweise in jeder
Zelle vorhanden, auch im Ei, auch in der Spermatide —
aber wo finden wir sie in der fertigen Spermie wieder? Auch
dort sind sie vorhanden, nur machen sie Umformungen durch
und kommen an Stellen zu liegen, wo man sie nicht vermutet.
Aber die Forschung ist dem Schritt für Schritt nachgegangen
und hat auch die geheimsten Wege aufgespürt. So hat sich
herausgestellt, daß der Zellkern zum Kopf, der Zelleib zum
Schwanzfaden und das Zentrosoma zum Mittelstück des Spermatozoons wird. Selbst die Strahlensphäre, die in der ruhenden Zelle nur schwach noch angedeutet ist, findet zum Aufbau
der Spermie Verwendung: sie liefert das Spitzenstück, das
dem Kopfe aufsitzt.

Die Entstehungsgeschichte der Samenzelle läßt so mit aller
wünschenswerten Klarheit erkennen, daß auch das Spermatozoon eine Zelle ist, ausgestattet mit all den Bestandteilen,
die einer solchen eigentümlich sind. Die Forschung hat wohl

gezögert, in diesem so merkwürdig gestalteten und vom Typus
stark abweichenden Gebilde ein Element anzuerkennen, das
dem Ei gleichwertig sei. Aber gerade die genaue Feststellung
seiner Genesis, wie sie sich Schritt für Schritt vollzieht und
in allmählichen Übergängen die beschriebene Form schafft,
hat auch die letzten Zweifel verjagen müssen. Es gilt jetzt als
fundamentale Tatsache, daß Ei und Spermie, so verschieden
sie auch aussehen, zwei einander gleichwertige Zellelemente
darstellen. Die Verschiedenheit ihrer Gestalt aber läßt sich
ansprechend aus den besonderen Aufgaben ableiten, die ihnen
zugewiesen sind. Das Prinzip der Arbeitsteilung ist es, das
sich da verwirklicht. Hierüber nur einige wenige Worte.

Was hat das Ei zu leisten und was die Samenzelle? Die
Antwort ist sehr einfach. Des Eies Aufgabe ist es, das Material darzubieten, aus dem sich das neue Individuum aufbauen kann. Wäre nicht eine gewisse Menge von Substanz
vorhanden, so könnten die Teilungen nicht zur Bildung von
Zellen führen: aus nichts kann nichts werden. Deshalb übernimmt das Ei die Anhäufung der Stoffe, aus denen der Keim
sich gestalten kann. Die Bestimmung des Eies liegt also wesentlich im Quantitativen. Damit stimmt seine Größe und sein Verhalten. Das Ei ist immer, auch wenn es ein kleines Ei ist, doch
eine große Zelle. Aber eben seine Umfänglichkeit ist auch die
Ursache für seine Schwerfälligkeit. Nur gering ist seine Fähigkeit,
sich zu bewegen, so gering, daß wir ruhig behaupten können,
das Ei sei unbeweglich. Ruhig und still liegt es an seiner
Stelle und erwartet sein Schicksal. Es naht sich ihm in der
Gestalt des Spermatozoons.

Dieses ist das vollkommene Gegenstück zum Ei. Frei
von allem, was ihm hinderlich sein könnte, leicht und schlank
ist es ganz für Bewegung geschaffen. Denn diese ist sein Teil.
An ihm liegt es, ob die Vereinigung glückt; findet es den
Weg zum Ei nicht, so ist ihm wie jenem der Untergang gewiß.
So haben sich denn die beiden Geschlechtszellen in die Arbeit
geteilt und jede von ihnen ist für ihre besondere Aufgabe in
besonderer Weise vorbereitet und ausgestattet. Alle Vervoll-
kommnung im Organischen beruht ja auf Differenzierung.
Aber es sollte nicht vergessen werden, daß mit dem Gewinn,

ben Spezialisierung bringt, immer auch ein Verlust einher-
geht. Zunahme auf der einen Seite ist bedingt durch
Abnahme auf der andern. So ist es auch in unserm Fall.
Das Spermatozoon hat seine Agilität um hohen Preis er-
kauft: es hat die Fähigkeit, sich für sich selbst zu entwickeln,
gänzlich verloren. Unmöglich ist es, eine Samenzelle für
sich zur Entwicklung zu bringen, wie es beim Ei wenigstens mit
künstlichen Mitteln erreicht werden konnte. Das Spermatozoon
ist zu klein geworden, es bietet keine Fläche dar, an der ein
Mechanismus angreifen könnte, in ihm ist die Grenze erreicht,
die für den Umfang einer Zelle noch zulässig ist, unterhalb
ihrer erlischt die Möglichkeit der Existenz. Und auch das Ei
ist abhängig geworden; auch bei ihm ist, wenn Parthenogenese
außer Betrachtung bleibt, die Teilungsfähigkeit paralysiert.
Nicht zwar, weil es hier an der stofflichen Grundlage fehlt, sondern weil ein Hemmnis vorhanden ist, das im Ei selbst liegt,
in seiner Konstitution. Das Hemmnis zu beseitigen, ist die
andere Funktion des Spermatozoons. Darin beruht recht
eigentlich seine „befruchtende" Wirkung. Dies näher zu er-
läutern, soll jetzt versucht werden.

*   *   *

Wo sich Fortpflanzungszellen differenziert haben, wo also
Organismen Eier und Spermien bilden, da geschieht es immer
auf Kosten der Teilungsfähigkeit dieser Zellen. Ein merk-
würdiger Vorgang! Fortpflanzung ist doch nichts anderes
wie Zellteilung, und nun sollen gerade die Elemente, deren
Bestimmung es ist, neuen Individuen zur Existenz zu verhelfen, der Möglichkeit dazu beraubt sein, da sie sich nicht
zu teilen vermögen? Das klingt recht unwahrscheinlich. Und
doch ist es so. Freilich mit Einschränkung. Nur für jede
der beiden Zellen allein gilt das Gesagte. Jede von ihnen
ist auf die Hilfe der andern angewiesen, und sobald sie sich
vereinigen, ist das Hemmnis beseitigt. Sehen wir zu, was
sich dabei ereignet.

Es ist noch nicht so lange her, daß menschliche Augen
den Vorgang geschaut haben, der nun beschrieben werden
soll. Im Jahre 1875 gelang es zum erstenmal. Oskar

Hertwig war der Glückliche, der als erster Ei und Samenzelle sich vereinigen sah. Seitdem ist der Vorgang selbst an
vielen Objekten studiert und in seinen Einzelheiten aufs
genaueste geschildert worden. Aber niemals wieder haben sich
die Verhältnisse als so günstig erwiesen, wie sie bei den Tieren
sich zeigten, an denen jener Forscher seine Beobachtungen
machte. Es sind die schon öfters genannten Seesterne und
Seeigel, die als klassisches Objekt für das Studium der Befruchtung gelten können. Die kleinen, durchsichtigen Eier,
sie haben kaum 0.1 mm Durchmesser, mit denen die Ovarien
der Tiere gefüllt sind, werden in Schälchen mit Seewasser gelegt, denen man nach Belieben so viele entnimmt, wie für
den beabsichtigten Versuch rätlich ist. Wir bedürfen ihrer nur
wenige. Mit einem Tröpfchen Wasser bringen wir sie auf
eine längliche Glasplatte, den „Objektträger", legen ein dünnes
Glasplättchen, dem wir vier kleine Wachsfüßchen angesetzt
haben, darüber und schauen uns nun die Eierchen unter dem
Mikroskop an. Schimmernde, helle Kugeln gewahren wir, die
bewegungslos im Wasser ruhen. Auch der Kern wird sichtbar, ein kleines Bläschen, das heller erscheint als seine Umgebung. Keinerlei Hülle, weder Haut noch Schale ist zu entdecken: ganz nackt sind diese Eier. Nur eine äußerst zarte
gallertige Schicht umgibt sie, die jedoch erst bemerkbar wird,
wenn man das Licht im Mikroskop stark abblendet. Wie einfach dieses kleine Körperchen aussieht! So gar nichts besonderes fällt an ihm auf, und wer es so anschaut, ohne zu
wissen, was er vor sich hat, möchte wohl kaum ahnen, welche
Fülle von Kräften in diesem winzigen Gebilde steckt.

Überlassen wir die Eier vorläufig ihrem Schicksal. Wir
haben einem anderen Seeigel die Hoden genommen und tauchen
nun die Spitze einer Nadel in ihren Inhalt. Was da hängen
bleibt, spülen wir wieder in einem Wassertröpfchen ab, das
nun in derselben Weise wie jenes von vorhin der mikroskopi-
schen Betrachtung zugänglich gemacht wird. Ganz anders
ist das Schauspiel, das sich bietet. Ein dichter Schwarm zap-
pelnder winzigster Wesen bevölkert den Raum. Kaum sollte
man denken, daß die kleine Probe, die an der Nadelspitze haf-
tete, sich in eine solche Menge von Einzelindividuen auflösen

könnte; Hunderte, Tausende schwärmen im Wasser umher, und
es dauert einige Zeit, bis sich das Auge an das ruhelose Ge-
flimmer gewöhnt hat. Nun sehen wir bei starker Vergröße-
rung, daß wir Spermatozoen vor uns haben mit Kopf und
Schwanzfaden, der ohne Unterlaß hin und her schlägt, und
so die Zelle durchs Wasser forttreibt. Wir schauen dem Spiel
eine Weile zu. Da merken wir, wie die Bewegungen der kleinen
Wesen langsamer werden. Mehr und mehr lassen sie nach.
Endlich hören sie ganz auf, und die Spermatozoen sind binnen
kurzem tot.

Wir entnehmen dem unerschöpflichen Vorrat aufs neue
einige Eier. Aber nachdem ein sorgfältiges Präparat hergestellt ist, nähern wir die Nadelspitze, die in Sperma ge-
taucht war, dem Rande des Wassers, berühren ihn eben und
eilen nachzusehen, was nun geschieht. Noch schwebt die Masse
der Samenzellen wie eine kleine weißliche Wolke fern von
den Eiern im Wasser. Aber bald zieht sie sich auseinander;
einzelne der winzigen Schwimmer lösen sich von den übrigen
los, eilen allen voran: ein Wettlauf im Wassertropfen hebt
an, und Ziel und Preis zugleich ist das Ei. Wer wird es
als erster erreichen? Da sehen wir einen, der rührt nun schon
fast mit seinem Köpfchen an die Oberfläche der Kugel. Nun
wölbt sie sich ihm ein wenig entgegen, ein kleiner Hügel entsteht, mit dem das Ei die Samenzelle in sein Inneres aufnimmt. Verschwunden ist sie nun für wenige Augenblicke,
nur das schlängelnde Fädchen bleibt zurück. Aber da nahen
schon die zurückgebliebenen Genossen. Sollen auch sie in das
Ei eindringen dürfen? Fast scheint es so. Doch nein, ein
unüberwindliches Hindernis stellt sich in ihren Weg. Kaum
ist das erste Spermatozoon in das Ei hineingetaucht, so umhüllt sich dieses mit einer Haut, durch die allen andern der
Eintritt verwehrt ist. Vergeblich strengen sie sich an, die Hülle
zu durchbohren. Dies ist die Befruchtungsmembran, von der
früher schon einmal die Rede war, als berichtet wurde, daß es
gelinge, sie künstlich hervorzurufen. Was sie für das normale Geschehen bedeutet, ist ja klar: das Ei schützt sich durch
sie davor, daß mehr als eine Samenzelle sich mit ihr ver-
einige (Abb. 14).

Was aber tut nun der eingedrungene Spermatozoonkopf da drinnen? Kurze Zeit, nachdem er unsern Blicken entschwunden, taucht er um ein weniges weiter von der Peripherie entfernt wieder auf. Verändert freilich sieht er aus, schon ein wenig voluminöser und eine kleine Gloriole hat er sich zugelegt: ein heller Fleck, den zarte, intensiver werdende Strahlen umgrenzen, zeigt sich in seiner Nähe. Nun wird das Köpfchen größer und größer, bald hat es schon einen recht stattlichen Umfang und sieht dem Eikern nicht unähnlich; als ein Bläschen erscheint es nun, und ohne Zweifel hat es das Recht, auch in derselben Weise gewertet zu werden wie jener: als Spermakern bezeichnet man es von nun ab. Tiefer bringt er jetzt ins Innere ein, und sein Strahlenkranz zieht immer intensiver werdend vor ihm her. Nun kommt auch in den Kern des Eies Leben. Er strebt dem andern entgegen, binnen kurzem treffen sie aufeinander, berühren sich und fließen zusammen. Ein Kern ist jetzt geworden.

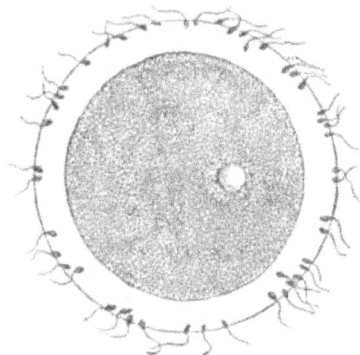

Abb. 14. Asterias glacialis. Ei, von Spermatozoen umgeben.

Umgeben von einer den ganzen Eikörper durchziehenden Strahlensonne liegt er im Mittelpunkte des Eies, größer und größer werdend, bis er plötzlich auf dem Höhepunkt seiner Ausdehnung beginnt, undeutlicher zu werden, die scharfe Kontur verliert und bald nicht mehr von seiner Umgebung abzugrenzen ist. Inzwischen ist auch die Strahlensonne nicht untätig gewesen; sie bildet zwei Zentren aus, die sich gegenüberstehen und den Inhalt des Kernes zwischen sich fassen. Weiter und weiter rücken sie auseinander, das Ei streckt sich, in seinem Äquator erscheint eine Furche, die gegen den Mittelpunkt vordringt, binnen kurzem ist das Ei geteilt: jede seiner Tochterzellen schließt eine Strahlung in sich und nahe deren Zentrum eine Anzahl kleiner Bläschen, die nun zusammenfließen und einem neuen Kern Entstehung geben. Das ist es etwa, was an lebenden Eiern von Seeigeln zu sehen ist, wenn sie befruchtet werden. Beobachtet man weiter, so gewahrt man, daß sich jede der beiden entstandenen Zellen nach kurzer Zeit wieder teilt: nun sind vier Zellen vorhanden. Auch diese teilen sich wieder und so geht es fort, es entstehen acht, sechzehn, zweiunddreißig usw. Zellen — das neue Individuum hat begonnen sich zu entwickeln.

Was ist wohl als das Wichtigste zu betrachten unter all den einzelnen Vorgängen, die eben geschildert wurden? Gewiß darf die Vereinigung der beiden Kerne als ein Ereignis von Bedeutung angesprochen werden. Durch sie wird erreicht, daß aus zwei Zellen, die vorher als getrennte Sonderheiten existierten, eine vollkommene Einheit wird. Denn nun ist nichts anderes mehr vorhanden, wie ein Zellkörper mit einem Zellkern. Und merkwürdig, gerade das, was jede von den beiden Zellen allein nicht vermocht hatte, sich zu teilen, das vollzieht sich jetzt ohne Schwierigkeit. Denn kaum ist die Kernverschmelzung vollendet, so schneidet die Furche ein, die aus der einen Zelle zwei macht. Wo steckt nun aber das rätselhafte Etwas, das den Teilungsmechanismus in Bewegung setzt? Auf diese Frage gibt die Betrachtung der Vorgänge im Leben keine sichere Antwort. Es ist nötig, tiefer in die Feinheiten dessen einzubringen, was da geschieht. Die Forschung besitzt eine ausgezeichnete Methode hierfür. Sie studiert die Vorgänge an totem Material, das aber in sinnreicher Weise für diesen Zweck zurechtgemacht wird. Die Objekte, die zu erforschen sind, werden in äußerst feine Scheibchen zerlegt, auf denen die einzelnen Differenzierungen passend gefärbt deutlich hervortreten. Da ist vieles zu sehen, was vorher verborgen blieb. Auch für die Probleme, denen wir hier nachgehen, erwies sich diese Methode nützlich. Das Spermatozoon besteht, wie gezeigt wurde, aus Kopf, Schwanz und Mittelstück. Was aus jenen wird, läßt sich feststellen: der Kopf wird zum Spermakern, der Schwanzfaden wird abgeworfen. Aber das Mittelstück? Bisher ist nichts darüber verlautet, was mit ihm geschieht. Auf gefärbten Schnitten aber läßt sich nachweisen, daß aus ihm jenes Zentralkörperchen wird, dessen bei der Beschreibung der Zellteilung Erwähnung geschah. Die Strahlen, die am Spermatozoenkopf entstehen, haben ihren

Mittelpunkt im Zentrosoma, so daß dieses als das Mittel erscheint, den Fädchenapparat ins Leben zu rufen. Wir wissen
aber bereits, daß dieser eine wichtige Rolle bei der Zell- und
Kernteilung spielt: er ist es, der die exakte Verteilung des
Chromatins auf die beiden neuen Kerne bewirkt. So sehen
wir denn, daß dem Spermatozoon eine zweite wichtige Aufgabe übertragen ist. Nicht nur das Aufsuchen des Eies hat
es zu leisten, auch den Teilungsapparat hat es durch die Einführung des Zentrosomas in Tätigkeit zu setzen. Wunderbar
greift hier eins ins andere. Die Spermazelle besitzt zwar
das Werkzeug der Teilung, aber sie kann es nicht in Gebrauch
nehmen, weil ihr das Material fehlt, an dem es zur Wirkung
kommen könnte. Das Ei hingegen hat dessen die Hülle und
Fülle, nur steht ihr das Mittel nicht zur Verfügung, durch das
der Teilungsapparat erst zum Funktionieren gebracht werden
kann. Vereinigen sich beide Zellen, so ist die notwendige Er-
gänzung vollzogen. Das Hemmnis im Ei wird durch das
Zentrosoma des Spermatozoons beseitigt und die Teilungsfähigkeit ist zurückgewonnen.

Einen Beweis dafür, daß dem Spermatozoon wirklich
nichts anderes fehlt, um sich teilen zu können, wie das Material, an dem sich die Kräfte des Zentrosomas entfalten können, enthält folgender Versuch. Seeigeleier lassen sich durch
heftiges Schütteln in Stücke zerteilen. Unter ihnen finden
sich stets auch solche, die kernlos sind. Sie runden sich nach
kurzer Zeit ab und sehen dann aus wie verkleinerte Eier, die
freilich des Kernes entbehren. In solche Stücke bringen Spermatozoen, die man zusetzt, ein und benehmen sich dort ganz
so, als ob sie sich in einem normalen Ei befänden. Kurz
nach der Vereinigung sieht man die Strahlung erscheinen,
der Spermakern tritt hervor, wächst heran, strebt der Mitte
zu; die Doppelstrahlung wird sichtbar, der Kern löst sich
auf und das Bruchstück teilt sich in zwei Zellen, deren jede
ihren Kern erhält, der nur um einiges kleiner ist als der normale. Läßt man der Entwicklung ihren Lauf, so entsteht auch
eine ganz typische, nur etwas verkleinerte Larve. Und das
alles, ohne daß das Fehlen des Eikerns irgendeine Wirkung
ausübte. Man könnte hier wohl von einer Parthenogenese

der Samenzelle reden. Gibt man dieser den fehlenden Zell-
leib, so faßt sie alles in sich, um Fortpflanzung zustande
zu bringen: ohne Verzug beginnt sie sich spontan zu teilen
und binnen kurzem ist das neue Individuum fertig. Die
Wissenschaft bezeichnet den beschriebenen Vorgang als Mero-
gonie, d. i. Bruchstückentwicklung.

* * *

Doch wir kehren zur Betrachtung normalen Geschehens
zurück und sehen zu, ob uns das Studium gefärbter Schnitte
noch neue Seiten des Vorgangs enthüllt. So ist es in der
Tat. Von der chromatischen Substanz, die ja den wichtigsten
Bestand des Kernes ausmacht, ist bis jetzt noch nichts berichtet
worden. Und doch ist gerade hier vieles und merkwürdiges von
ihr zu sagen. Wir wählen ein anderes Objekt für die folgende Darstellung, weil an ihm die zu schildernden Tatsachen
deutlicher hervortreten. Der Wurm Ascaris megalocephala
ist wie der Seeigel ein Liebling der Forscher. Die großen
Kerne seiner Fortpflanzungszellen erlauben die chromatischen
Verhältnisse in einzigartiger Deutlichkeit zu überblicken. Wenn
die beiden Kerne sich bis auf geringe Entfernung genähert
haben, so lassen sich in jedem von ihnen zwei chromatische
Elemente erkennen. Bei der Kernvereinigung und der unmittelbar darauf beginnenden Teilung kommen diese vier
Chromosomen, von denen also zwei aus dem Eikern und zwei
aus dem Spermakern stammen, nebeneinander in den Äquator der Spindel zu liegen; es sieht genau so aus, als ob
in der sich teilenden Zelle von Anfang an vier Chromosomen
vorhanden gewesen wären. Demgemäß spielt sich auch die
Teilung ab. Jedes der vier Elemente spaltet sich der Länge
nach, jede der Spalthälften rückt an den ihr nächstgelegenen
Pol und gelangt auf diese Weise in einen der beiden Kerne
der entstehenden Zellen. Jeder der beiden aus der Teilung hervorgehenden Kerne erhält also eine Spalthälfte jedes der vier
ursprünglichen Chromosomen. Und so viele Zellen nun im
weiteren Verlauf der Entwicklung aus den folgenden Teilungen
entstehen mögen, immer wird jeder ihrer Kerne je zwei Abkömmlinge der Chromosomen des Spermakernes und des Ei-

kerns besitzen. Nun wissen wir ja, daß die beiden zur Vereinigung gelangten Fortpflanzungszellen von verschiedenen
Individuen stammen. Das Chromatin des befruchteten Eies
ist mithin gemischt und das Gleiche gilt für alle Zellen, die
durch Teilung aus diesem Ei hervorgehen. Unwillkürlich wird
hier dem Leser einfallen, was gelegentlich der Beschreibung der
Paramäcien-Konjugation berichtet wurde. Da mußten wir
in dem Chromatinaustausch, den die beiden Gameten vollzogen, das Wesentliche des Vorgangs erblicken. Ganz dasselbe
findet hier statt. Denn auch hier kommt zu dem Chromatinbestand der einen Zelle der einer anderen hinzu und bildet
mit ihm den neuen Kern. Stationärer Kern und Wanderkern,
hier kehren sie wieder als Eikern und Spermakern. Aber was
bei den Protozoen noch im Dunkeln blieb, tritt jetzt ins
Licht: die Massen des Chromatins, die von jedem der beiden
Kerne beigesteuert wurden, sind völlig gleich. Zwei Chromosomen liefert der Eikern, und zwei, die sich in nichts von
jenen unterscheiden lassen, der Spermakern. Und dieses Verhältnis bleibt für alle Zellen, die aus dem befruchteten Ei hervorgehen, ohne Änderung bestehen: ihr Chromatinbestand leitet
sich zur einen Hälfte vom Ei, zur andern vom Spermatozoon
her, und nur ein kleiner Schritt noch ist es, zu sagen, er
leite sich her von den Individuen, aus denen Ei und Samenzelle hervorgehen, von der Mutter und vom Vater.

Lenken wir den Blick zurück und lassen ihn noch einmal über
die Vorgänge hingleiten, die zuletzt beschrieben worden sind.
Ganz klar und deutlich löst sich da zunächst eine Erscheinung heraus, nämlich die Schaffung der teilungsfähigen
Fortpflanzungszelle. Wir hatten erkannt, daß dem Ei sowohl
als auch der Samenzelle die Fähigkeit der spontanen Teilung
abhanden gekommen war; durch ihre Vereinigung wird sie
zurückgewonnen und damit erst eine vollständige Zelle
geschaffen. Jetzt ist eine Fortpflanzungszelle im eigentlichen
Sinne vorhanden, nämlich eine Zelle, aus deren Teilungen
ein neuer Organismus hervorgebildet wird. Diese Fortpflanzungszelle heißt das befruchtete Ei. Vergessen wir einmal,
wie sie zustande gekommen ist und halten wir uns an das
Resultat, das vorliegt. Wo wäre nun irgendein Zug zu

entdecken, durch den sich diese Propagationszelle prinzipiell von jener unterscheiden ließe, die wir auf den ersten Seiten dieses Buches betrachteten und denen das Prädikat „ungeschlechtlich" beigelegt wurde? Es ist vergeblich danach zu suchen. Und so spricht auch, so paradox es klingt, die geschlechtliche Fortpflanzungsweise dafür, daß Geschlecht und Fortpflanzung nichts miteinander zu tun haben. Fortpflanzung ist auch hier nichts anderes, als die Entwickelung einer einzigen Zelle, die sich durch das Mittel der Teilungen vollzieht.

Aber wenn wir diesen Vorgang aus der Reihe von Geschehnissen herausnehmen, die den Begriff der Befruchtung ausmachen, was bleibt noch übrig? Ein ganz anderes Phänomen tritt jetzt hervor. Wir gaben ihm früher den Namen der Zellpaarung. Ein neuer Kern wird gebildet, indem sich Chromatin zweier Zellindividuen vermischt. Hierin gerade erkannten wir das eigentliche Wesen des geschlechtlichen Geschehens: daß ein Zellindividuum entsteht, dessen Kernsubstanz eine Mischung darstellt aus eigenem und fremdem Stoff. Diese Mischung herbeizuführen, ist der Zweck sexueller Differenzierung.

Ein Punkt bedarf noch der Aufklärung. Bei der Paramäcium-Konjugation sahen wir die ursprünglichen Kleinkerne verschiedene Teilungen durchmachen, von deren Produkten schließlich nur eines erhalten blieb, die andern degenerierten. Der persistierende Kern war es eben, der sich in stationären Kern und Wanderkern teilte. Dieses merkwürdige Gebahren muß einen Zweck haben. Warum stößt der Kern alle jene Substanzen aus, die in den degenerierenden Kernen zur Auflösung gelangen? Aus der Betrachtung der Konjugation allein ließe sich die Antwort auf diese Frage schwerlich gewinnen. Doch die Geschlechtszellen der vielzelligen Organismen bieten auch hier ein vollständiges Analogon dar. Bei ihnen aber kommen die Einzelheiten des Vorgangs weit klarer zur Anschauung als dort; so läßt sich auch ein Einblick in seine Bedeutung gewinnen. Was jetzt in wenig Strichen skizziert werden soll, sind jene Vorgänge, die man als die Reifung der Geschlechtszellen bezeichnet. Der Leser erinnert sich, es war gesagt worden: drei Perioden lassen sich in der Genesis dieser Zellen unterscheiden, eine solche der Vermehrung, eine solche des Wachstums und eine solche der Reifung. Aber von dieser ist bisher nichts berichtet worden. Hier ist nun der geeignete Ort, das nachzuholen.

Zuerst das Ei. Kurz bevor das Ei befruchtungsfähig wird, macht es die Veränderungen durch, die als seine Reifung bezeichnet werden. Sie bestehen ganz kurz gesagt darin, daß es sich zweimal sehr schnell hintereinander teilt und zwar so, daß die Produkte dieser Teilungen höchst ungleich ausfallen. Zwar entstehen jedesmal zwei Zellen, aber während die eine davon an Umfang und Aussehen von der der Mutterzelle nicht wesentlich abweicht, erscheint die andere als ein winzig kleines Körperchen. Man hat ihm den Namen Richtungskörper gegeben, weil in manchen Fällen an der Stelle, wo er sich abschneidet, später nach der Befruchtung die erste Teilungsebene entsteht, so daß also der Richtungskörper die Richtung angeben werde, in der die Teilung verlaufen wird. Das trifft nun durchaus nicht immer zu, und es wäre daher besser, jenen Namen durch einen andern zu ersetzen. Bis das geschehen ist, muß es freilich bei dem alten Brauche bleiben. Also das Ei teilt sich zweimal und schnürt dabei zuerst den ersten und dann den zweiten Richtungskörper ab. Meist teilt sich jener noch einmal, so daß nun das große reife Ei und jene drei kleinen Zellen vorhanden sind, denn auch sie sind Zellen (Abb. 15, a bis f). Ohne weiteres kann man den Grund für die Ungleichheit der Teilungsprodukte angeben. Das Ei hat soeben seine Wachstumsperiode hinter sich. Würden nun die Reifungsteilungen so verlaufen, daß gleichgroße Produkte aus ihnen hervorgingen, so wäre offenbar ein erheblicher Teil der aufgewandten Mühe umsonst gewesen: das Ei würde wieder stark reduziert werden. Dem ist durch die beschriebene Einrichtung vorgebeugt worden. Die kleinen Richtungskörper sind abortive Eier, die dem Untergang verfallen. Das Ei aber wird durch ihre Abgabe nur wenig geschädigt.

Allein mit dieser Beschreibung des äußerlichen Verlaufes der Reifung ist deren Bedeutung nicht aufgedeckt. Um das zu erreichen, müssen die Vorgänge betrachtet werden, die sich bei der Abschnürung der Richtungskörper am Kern abspielen.

Da stellt sich dann die eigentümliche Tatsache heraus, daß bei den zwei schnell aufeinander folgenden Teilungen die Spaltung der Chromosomen einmal unterbleibt. Die Folge davon ist, daß das reife Ei nur noch halb so viele Chromosomen besitzt, wie das unreife. Nehmen wir an, die Eizelle habe, bevor sie in die Reifungsperiode eintrat, vier Chromosomen gehabt. Nun teilt sie sich und gibt den ersten Richtungskörper ab: er erhält dabei eine Spalthälfte jedes chromatischen Elements, im ganzen also vier Chromosomen. Ebensoviele bleiben im Ei zurück.

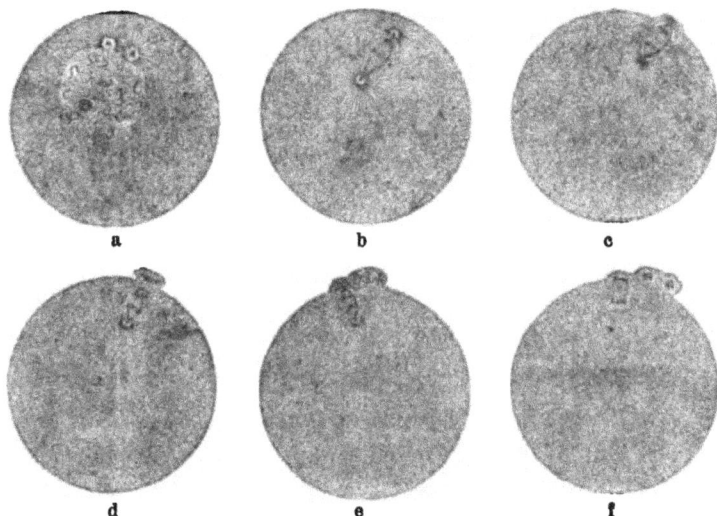

Abb. 16. Schema der Richtungskörperbildung in verschiedenen Stadien (a bis f).

Dieses schreitet nun sofort zur neuen Teilung, ohne daß sich der Kern rekonstruiert hätte. Diesmal aber spalten sich die vier Chromosomen nicht, sondern zwei von ihnen bleiben im Ei zurück, zwei gelangen in den zweiten Richtungskörper. Der jetzt sich bildende Kern des Eies umschließt also nur noch zwei Chromosomen: die Zahl der chromatischen Elemente ist im Ei auf die Hälfte reduziert.

Genau dasselbe Resultat ergibt sich aus der Betrachtung der Samenreifung. Äußerlich zwar verläuft der Vorgang ein wenig anders. Das erklärt sich aus der besonderen Form des Spermatozoons. Bei ihm ist ja im Gegensatz zum Ei Klein=

heit erwünscht. Daher kommt es hier nicht zur Entstehung abortiver Bildungen. Die vier aus den beiden Reifungsteilungen hervorgehenden Zellen sind vielmehr untereinander völlig gleich, sie entsprechen aber dem Ei plus den beiden Teilungsprodukten des ersten Richtungskörpers plus dem zweiten Richtungskörper; man kann das an den beiden nebeneinander gestellten Schematen ohne Schwierigkeit sehen.

Die Spermatiden wandeln sich direkt in Spermatozoen um, wie es auf S. 61 beschrieben wurde. Betrifft dieser Unterschied nur die Form, so ist das Wesen des Vorgangs in beiden Fällen durchaus das gleiche. Auch bei der Samenreifung folgen sich zwei Teilungen so schnell, daß sich die zweite ohne Rekonstruktion des Kernes und ohne Längsspaltung der

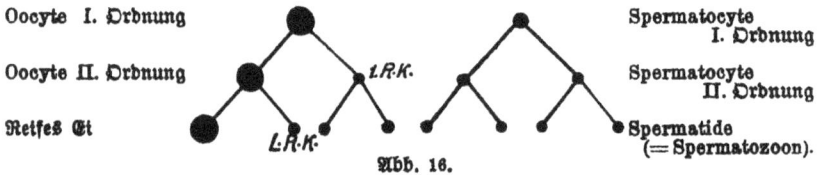

Oocyte I. Ordnung		Spermatocyte I. Ordnung
Oocyte II. Ordnung	L.R.K.	Spermatocyte II. Ordnung
Reifes Ei	L.R.K.	Spermatide (= Spermatozoon).

Abb. 16.

Chromosomen an die erste anschließt. Das Resultat ist natürlich das gleiche wie beim Ei, auch hier erhalten die Endprodukte der Zellteilungen, also die Spermatiden und die aus ihnen sich unmittelbar ableitenden Spermatozoen, nur die Hälfte der Chromosomen, die sich in den Kernen ihrer Mutterzellen fanden.

Allgemein darf gesagt werden: Geschlechtszellen zeichnen sich vor den andern Zellen des gemeinsamen Organismus dadurch aus, daß sie nur halb so viele Chromosomen haben wie diese. Um zu verstehen, was das bedeutet, ist folgendes zu wissen nötig. Wenn viele Zellen desselben Organismus oder Zellen vieler Organismen derselben Art bei der Teilung zur Beobachtung kommen, so fällt der Umstand auf, daß die Zahl der auftretenden Chromosomen immer die gleiche ist. Vorhin wurde die Annahme gemacht, in einer sich teilenden Zelle seien vier Chromosomen zu sehen; soviele besitzen in der Tat die Zellkerne des Wurmes Ascaris megalocephola. Bei anderen Organismen ist die Zahl größer. Einige Bei

spiele werden das zeigen: Die Alge Spirogyra hat 12; die
Maulwurfsgrille ebensoviele; der Wasserkäfer 16; ebensoviele
die Ratte, die Föhre, der Weizen, die Zwiebel; der Seeigel
Echinus hat 18; 30 die Ameise Lasius niger; 24 das Krebschen
Cyclops, die Weinbergschnecke, der Salm, Salamander, Frosch,
die Lilie und Päonie; 28 der Schmetterling Pieris; 32 der
Regenwurm; 36 die Fische Torpedo und Pristiurus; 168 endlich der kleine Krebs Artemia salina. Wo immer eine Zelle
eines dieser Organismen bei der Teilung beobachtet wird, da
treten die chromatischen Elemente in der angegebenen Zahl auf.
Diese Tatsache bezeichnet man als das Zahlengesetz der
Chromosomen. Kurz formuliert, lautet es: soviele Chromosomen eine Zelle bei der Teilung besitzt, soviele gehen auf
alle aus ihr entstehenden Zellen über.

Hiervon machen nun die Geschlechtszellen eine Ausnahme.
Vergegenwärtigen wir uns, was eintreten müßte, wenn auch
sie sich nach jenem Gesetz richteten. Bei ihrer Vereinigung, die
ja eine Vereinigung ihrer Kerne ist, würde sich die Zahl
der Chromosomen verdoppeln; sie müßte binnen kurzem
eine so kolossale Höhe erreichen, daß der Kern nicht mehr
fähig wäre, die Masse von Substanz in sich zu fassen.
Der Reifungsprozeß, der die Zahl der chromotischen Elemente auf die Hälfte reduziert, beugt diesem Übelstande
vor. Denn indem jede der beiden zur Vereinigung gelangenden
Zellen nur die Hälfte der typischen Zahl mitbringt, wird
diese gerade in der Fortpflanzungszelle erst wieder hergestellt
und geht von da auf alle ihre Abkömmlinge über. So ver-
bürgt der Prozeß des Reifens der Geschlechtszellen, daß sich
die Zahl der Chromosomen durch die Generationen konstant
erhält.

Begnügen wir uns mit dem gewonnenen Einblick, der
freilich nicht erschöpfend ist. Eines zeigt sich mit wachsender
Deutlichkeit: geschlechtliche Fortpflanzung ist ein Doppelphä-
nomen. Zwei organische Geschehnisse sind in ihm vereinigt,
Vermehrung und Zellpaarung. Aber warum sind zwei so
heterogene Vorgänge so fest verbunden, daß sie gar nicht mehr
voneinander zu lösen sind? Bevor hierauf eine Antwort zu
geben versucht wird, möge einiges über die sexuelle Vermeh-

rung der Pflanzen gesagt werden. Dabei wird sich ein Gesichtspunkt ergeben, der für die Beurteilung der geschlechtlichen Fortpflanzung im allgemeinen von Bedeutung ist.

*   *   *

Für die niederen Pflanzen sind die hier in Betracht
kommenden Verhältnisse schon eingehend geschildert worden
(vgl. S. 26 ff.), denn die Volvociden werden von den Botanikern
den Algen, also pflanzlichen Organismen, zugezählt. Hier
verläuft also die geschlechtliche Fortpflanzung in einer Weise,
die der bei Tieren üblichen in allem wesentlichen entspricht.
Auch die höheren Pflanzen verhalten sich im Grunde nicht
anders. Nur sind bei ihnen die Vorgänge nicht so leicht
zu überschauen, weil sie durch die Kompliziertheit der sie ver-
mittelnden Einrichtungen verdeckt werden. Die Spermien sind
bei ihnen in den Pollenkörnern, die den Blütenstaub bilden,
eingeschlossen; die Eizelle liegt im Fruchtknoten und ist vom
Embryosack umhüllt, der wiederum von der Samenanlage
umgeben wird. Wird das Pollenkorn auf die Samenanlage
oder auf die Narbe des Fruchtknotens übertragen, so geht
aus ihm ein Schlauch hervor, der das Gewebe des Fruchtknotens durchwächst und in den Embryosack bis zur Eizelle
vordringt. Mittels dieses Pollenschlauches kann sich die Samenzelle mit der Eizelle vereinigen. Dies ist in ganz groben
Zügen der Hergang der Befruchtung bei den Blütenpflanzen.

Hierbei ist nun ein Moment besonderer Beachtung wert.
Wie gelang der Blütenstaub auf die Narbe des Fruchtknotens?
Eine große Zahl von Einrichtungen steht hierfür zur Verfügung, von ganz einfachen an bis zu hochkomplizierten. Der
Wind z. B. vermittelt vielfach die Übertragung des Pollens;
er entführt den Blütenstaub in die Luft, und nun ist es
dem Zufall überlassen, ob er beim Niederfallen auf ein weib-
liches Organ trifft oder wirkungslos zu Boden sinkt. Pflanzen,
die auf Windbestäubung angewiesen sind, produzieren daher
enorme Mengen von Pollenkörnern: eine Maispflanze soll
ihrer fünfzig Millionen hervorbringen. Weitaus die meisten
Blütenpflanzen sind aber auf die Hilfe von Tieren ange-

wiesen. Insekten, Vögel, Schnecken besorgen die Übertragung.
Es ist ja bekannt, daß die Phanerogamen hierfür in der
sinnreichsten Weise eingerichtet sind; es sei nur an die Düfte
der Blumen, an ihre Farbenpracht, an die Zuckersäfte ihrer
Nektarien erinnert, die alle dazu dienen sollen, die Gehilfen
aus dem Tierreich anzulocken, damit sie ihr Geschäft aus-
richten. Der naive Beobachter wird, wenn er das erfährt,
darüber staunen, daß Blüten nicht imstande sein sollten, selbst
den Blütenstaub auf ihre Narbe zu bringen. Stehen doch
die Staubgefäße vielfach in deren unmittelbarster Nachbar-
schaft, so daß es nur eines kleinen Anstoßes zu bedürfen scheint,
um den gewünschten Effekt zu erreichen. Wozu also den Um-
weg über die Tiere? Allein gerade das soll vermieden werden:
Pollenkörner derselben Blüte sollen deren Bestäubung nicht
vornehmen, und der geschärfte Blick entdeckt leicht eine
große Zahl von Einrichtungen, die alle den einzigen Zweck
haben, die Selbstbestäubung zu verhüten. Soll aber diese
ausgeschlossen sein, dann gibt es keinen schweren Weg, Befruchtung zu erzielen, als der ist, den die Pflanze wählt:
sie beläbt mit ihren Pollen das Insekt, das ihren Nektar
trinkt und, indem es von Blüte zu Blüte fliegt, die Last
dort abliefert, wo sie ihre Wirkung tut. Christian Konrad
S p r e n g e l hat schon im Jahre 1793 die Entdeckung gemacht,
daß der Bau vieler Blüten aus diesem Gesichtspunkt seine
Erklärung findet: die Pollenkörner bleiben an ganz bestimmten
Stellen des besuchenden Tieres hängen und werden von dort
durch die Narbe einer anderen Blüte weggenommen.

Ich kann es mir ersparen, auf diesen Punkt näher
einzugehen, aber auch deshalb an den angeführten Bei-
spielen genügen lassen, weil R. H. F r a n c é die meisten
meiner Leser durch seine Schilderungen über diesen Gegenstand viel besser unterrichtet hat, als ich es zu tun
vermöchte (vgl. R. H. Francé „Das Liebesleben der
Pflanzen". Stuttgart, Kosmos, Gesellschaft der Naturfreunde). Hier kommt es nur darauf an, festzustellen,
daß auch zwittrige Blüten das Bestreben zeigen, Selbstbefruchtung auszuschließen. Und dieses Bestreben ist so allgemein
und die Einrichtungen für die Aufrechterhaltung des darin

liegenden Prinzips so mannigfaltig ausgebildet, daß wohl
der Eindruck entstehen darf, es werde hiermit ein für das
Dasein organischer Wesen wichtiger und bedeutender Zweck
verbunden sein.

Dieser Eindruck verstärkt sich zur Gewißheit, wenn wir
nun gewahren, daß es unter Pflanzen und Tieren solche
gibt, bei denen die Vereinigung von Sexualzellen, die aus
demselben Individuum stammen, völlig unmöglich gemacht ist.
Pflanzen, für die das zutrifft, bezeichnet man als diöcisch
oder zweihäusig. Es sind solche, bei denen die beiden Geschlechter
auf verschiedene Individuen verteilt sind. Der Hanf, der
Taxus, der Hopfen, die Dattelpalme und manche andere sind
diöcisch: immer bringt die Einzelpflanze nur eines der beiden
Sexualprodukte hervor, entweder Pollen oder Samenanlagen.
Und ebenso ist es bei der großen Mehrzahl der Tiere. Zwar
kommt auch hier Zwittrigkeit (Hermaphroditismus) vor. Aber
wo er vorkommt, sind meistens Vorkehrungen zur Verhinderung
der Selbstbefruchtung getroffen. Und dann stehen die zwittrigen
Tiere an Zahl weit hinter denen zurück, die getrennten Geschlechtes sind. Was also bei den Pflanzen Ausnahme ist,
bei den Tieren ist es zur Regel geworden: Ei- und Samenzellen werden von verschiedenen Individuen produziert. Damit ist die denkbar größte Garantie geboten, daß die sich vereinigenden Zellen nicht von ein und demselben Organismus
ihren Ausgang genommen haben.

Wie stark unter Umständen die Abneigung gegen den
eigenen Samen werden kann, beweisen die Fälle der Selbst-
sterilität. Der Roggen z. B. erzeugt bei Selbstbefruchtung
keine Früchte, ja es gibt einige Orchideen, deren Blüte alsbald abstirbt, wenn sie mit dem eigenen Pollen bestäubt wird.
Auch auf die schädlichen Folgen der Inzucht muß in diesem Zusammenhang hingewiesen werden. Man versteht darunter die
Verbindung zweier Sexualzellen, die von sehr nahe ver-
wandten, etwa von verschwisterten Individuen abstammen.
Es ist eine bekannte Tatsache, daß die Produkte solcher Ver-
bindungen häufig minderwertig sind. Das hat ja dazu geführt, daß in allen Kulturstaaten Ehen zwischen nahen Ver-
wandten gesetzlich untersagt wurden. Nach alledem dürfte

feststehen, daß es den Organismen einen Vorteil bringt, wenn
sie solche Zellen sich paaren lassen, die von individuell verschiedener Herkunft sind. Und der Vorteil muß groß sein,
denn wir sahen, daß ein erheblicher Aufwand an Mitteln
getrieben wird, die alle auf die Sicherung der Fremdbefruch-
tung abzielen.

*   *   *

Kehren wir nun zu bem.zurück, was wir über die feineren
Vorgänge bei der Vereinigung der Sexualzellen erfahren haben.
Wir sahen, daß Eikern und Spermakern die gleichen Anteile
an Chromatin beisteuern, wenn sie sich zu dem Kern der
Fortpflanzungszelle vereinigen. Dieser Substanz nun haben
wir eine außerordentlich bedeutungsvolle Funktion zuzuerken-
nen. Sie hat als das Mittel zu gelten, dessen sich die organischen Wesen bedienen, und die Eigenschaften, aus denen sie bestehen, von einer Generation an die andere weiterzugeben.
Chromatin ist Vererbungssubstanz. Es ist hier nicht
der Ort, die Gründe in extenso zu erörtern, die den biologischen
Forscher dazu veranlassen, gerade diesem Stoff jene wichtige
Eigenschaft zu vindizieren. Es gibt deren eine große Zahl,
und ich muß den Leser auf ein weiteres Kosmos-Bändchen
vertrösten, in dem ihm dieser Gegenstand ausführlich dargelegt werden soll. Hier genüge es, die Tatsache zu konstatieren, daß die neuere Forschung mit großer Einhelligkeit,
die Chromosomen als die Träger der Vererbung bezeichnet.
In diesen kleinen Gebilden, so müssen wir uns vorstellen, sind
alle Eigenschaften, körperliche und seelische, aus denen sich
irgendein organisches Wesen zusammensetzt, der Anlage nach
vorhanden. Mittelst dieses Stoffes werden sie im Laufe der
Individualentwicklung zum Vorschein gebracht. Wie das geschehen kann, ist vorläufig noch ziemlich dunkel. Aber die Tatsache besteht, daß die chromatischen Elemente jeder Geschlechtszelle den gesamten Qualitätenkomplex eines künftigen Individuums in sich enthalten.

Die chromatischen Elemente j e d e r Geschlechtszelle wurde
gesagt. Allerdings! Wie wäre es sonst möglich, aus einem un-

befruchteten Ei ein normales Wesen zu erzielen? Aber wir
wissen ja, daß es natürliche und künstliche Parthenogenese gibt,
die nichts anderes bedeuten, wie die Entwicklung des Eies
zum Individuum ohne Beihilfe der zweiten Geschlechtszelle;
wir haben auch erfahren, daß durch den Kunstgriff der Mero-
gonie selbst die Samenzelle veranlaßt werden kann, sich zu
teilen und zu normaler Bildung zu entwickeln. Jede Geschlechtszelle für sich enthält mithin in ihren Chromosomen den
ganzen Eigenschaftenkomplex eines künftigen Individuums;
jede für sich repräsentiert gewissermaßen ein ganzes und voll-
kommenes Wesen in der Potenz, das heißt der Möglichkeit
nach. Was geschieht nun, wenn sich zwei Geschlechtszellen
vereinigen? Jede von ihnen bringt den Anlagenkomplex für
ein vollständiges Lebewesen mit; sie werden im Kern der Fortpflanzungszelle vereinigt; dort liegen sie nebeneinander und
gehen gemeinsam auf die Zellen des Keimes über, die nun
aus der Teilung des befruchteten Eies entstehen.

Aber ist das nicht merkwürdig? Wozu dieser Überfluß?
Wäre es nicht genug, wenn jede Eigenschaft e i n m a l im Kern
angelegt wäre? Sie kommt doch einmal nur zur Ausbildung.
Denn so ist es. Immer nur eine der beiden Anlagen für
dasselbe Organ, dieselbe Eigenschaft kann wirksam werden;
die andere bleibt latent, ist vorläufig zur Wirkungslosigkeit
verurteilt. Hier leuchtet nun ein erster Schimmer in das
rätselvolle Dunkel dieses Geschehens hinein. Niemals sind zwei
Gegenstände derselben Art identisch, immer werden sich mehr
oder weniger große Unterschiede an ihnen entdecken lassen.
Wo zwei Objekte zur Auswahl vorliegen, da besteht zum mindesten die Möglichkeit, durch richtige Wahl in den Besitz
des Besseren zu gelangen. Vielleicht täuscht sich der Wäh-
lende und nimmt in Wirklichkeit das Schlechtere, aber seine
Absicht geht nach der andern Seite, und die Möglichkeit ihrer
Verwirklichung ist vorhanden. Könnte es in der Natur nicht
ebenso zugehen? Durch die Vereinigung der beiden Anlagen-
komplexe in der sexuell entstandenen Fortpflanzungszelle ist
eine Auswahlmöglichkeit geschaffen. Die Gelegenheit wenigstens zur Bildung eines Individuums ist gegeben, das sich als
eine Mischung der v o r z ü g l i c h e r e n Eigenschaften zweier

anbern, feiner Eltern barftellt.*) Freilich ift bie Wirklichkeit weniger ibeal. Denn nur zu oft entwickelt bas Junge
gerabe bie geringeren Qualitäten. Wäre eine Garantie bafür
vorhanben, baß immer bie Vorzüge, bie ber eine ber Eltern
vor bem anbern hat, im Jungen hervorträten, fo würbe es
ein leichtes fein, binnen kurzem Tier- unb Pflanzenformen
zu züchten, bie ben ibealften Forberungen gerecht würben. Aber
bem ift nun nicht fo. Wir kennen bie Faktoren nicht, bie hier
wirkfam finb. Übrigens ift, was uns als fchätzenswerte Eigenfchaft an einem Inbivibuum erfcheint, burchaus nicht immer
ein Vorteil für biefes felbft.

Wie bem auch fei. Ohne Zweifel wirb burch ben Sexualakt bie Bilbung von Inbivibuen erreicht, bie fich von ihren
Erzeugern unterfcheiben. Dabei befteht bie Möglichkeit, baß
von jebesmal zwei Anlagen für bie analoge Eigenfchaft bie
vorteilhaftere wirkfam wirb unb zur Entwicklung gelangt.
Es ift aber auch noch auf ein anberes hinzuweifen. Bei Men-
fchen beobachten wir häufig bie ganz einfeitige Ausbilbung
irgenbeiner Befonberheit. Nehmen wir als Beifpiel ein mufi-
kalifches Talent. Forfcht man nach, fo ftellt fich meiftens heraus, baß fchon bie Eltern ober boch beren Vorfahren fich burch
mufikalifche Befähigung ausgezeichnet haben, ohne baß fie
über bas Herkömmliche weit hinausgeragt hätte. Nun aber
zeigt bas Kind eine ganz befonbere Beanlagung, bie es zum
Künftlertum präbeftiniert. Wie kommt bas? Vielleicht barf
auch hier aus ben Tatfachen ber fexuellen Vereinigung eine
Erklärung abgeleitet werben. Wenn fich etwa in ben Chromofomen beiber Gefchlechtskerne ber mufikalifche Sinn angelegt
fänbe unb biefe Anlagen fich gleichfam abbieren ließen, fo
würbe es bis zu einem gewiffen Grabe verftänblich, wie bei
bem Kinbe bie Begabung in weit höherem Grabe zur Entfaltung

---

*) Hierbei ift allerbings zu berückfichtigen, baß bie Sexualzellen
nicht fämtliche Qualitäten befitzen, bie bem Organismus zur Verfügung
ftanben, ber fie probuziert. Denn bie Gefchlechtszellen geben bei ber
Reifung bie Hälfte ber Chromofomen her. Diefe Hälfte entfpricht ber
zurückbleibenben nicht in ben Einzelheiten ber in ihnen angelegten Qualitäten, wohl aber barin, baß auch fie ben Anlagenkomplex für ein ganzes
Inbivibuum barftellt.

kommen kann, als es bei deſſen Eltern der Fall war. Es
iſt freilich nicht zu ſagen, wie eine ſolche Chromoſomen-
Abdierung im Einzelnen zuſtande kommen ſoll, aber die Möglichkeit dazu iſt gewiß nicht einfach auszuſchließen.

Wenn wir in dieſer Weiſe die Bedeutung des ſexuellen
Geſchehens in der aus der Miſchung zweier indivi-
dueller Qualitäten-Komplexe hervorgehenden Steige-
rung der Variabilität der Organismen zu erkennen glauben, ſo
wollen wir dabei nicht außer acht laſſen, daß wir uns hiermit ins Gebiet der Hypotheſen begeben. Aber ſobald die
Wiſſenſchaft über das, was unmittelbar vor Augen liegt, hin-
ausgeht und die größeren Zuſammenhänge zu ermitteln ſich
bemüht, kann ſie ohne hypothetiſche Momente nicht auskom-
men. Und es iſt ihr gutes Recht, ſich dieſer zu bedienen,
wenn ſie ſich nur davor hütet, Willkürlichkeiten mit Hypotheſen zu verwechſeln. Hier kann von jenen nicht die Rede
ſein. Denn die ſoeben angedeuteten Folgerungen und Ver-
allgemeinerungen nehmen ihre Berechtigung aus einem breiten,
in ſorgſamſter Arbeit zutage geförderten Tatſachenmaterial,
das zu deuten, auch eine Aufgabe der Wiſſenſchaft iſt. Aber
mag dieſe Deutung ſich dermaleinſt als ungenügend zu erkennen geben, heute, an dem Tage, da wir leben, ſteht ſie
im Einklang mit dem, was wir wiſſen, ja, ſie iſt im Grunde
nichts als der Verſuch, die einzelnen Daten unſeres Wiſſens
in harmoniſchen Zuſammenklang zu bringen. Und ſo darf
denn die Meinung wohl auf Zuſtimmung rechnen, daß der
große Aufwand an Mitteln, den wir im ſexuellen Geſchehen ſich
entfalten ſehen, keinem kleinen Zwecke dienen kann. Gewiß
aber iſt es ein großer, ja ein erhabener Gedanke, daß hier
der Weiterentwicklung organiſcher Weſen eine Handhabe geboten wird. Ob ſie ſie ergreifen, ob ſie ſie ergreifen können,
iſt eine Frage, auf die mit Nein zu antworten ſchwerlich einer
das Herz haben dürfte. Und in jedem Fall: eine große und
wertvolle Möglichkeit iſt ihnen hier gegeben.

Qualitätenmiſchung, in dieſem Begriffe liegt das Weſent-
liche des Sexuellen. Aber ein Punkt harrt noch der Aufklärung.
Nicht mit dem Geſchlechtsgeſchehen an ſich befaſſen wir uns hier,
ſondern mit der geſchlechtlichen Zeugung. Warum, ſo wurde

schon gefragt, ist der sexuelle Vorgang mit der Fortpflanzung zur Einheit verbunden? Darauf kann eine bündige und plausible Antwort gegeben werden. Wenn, um einmal recht „menschlich" zu reden, die Natur so großen Wert auf das Variieren der Organismen als die Voraussetzung zu deren höherer Entwicklung legte, daß sie dieses unter allen Umständen gesichert wissen wollte, so konnte sie das nicht besser bewerkstelligen, als indem sie die Vermischung der Eigenschaften zweier Individuen in jenen Moment verlegte, da sie sich fortpflanzen sollten. Denn in diesem Augenblick und nur in ihm befinden sich organische Wesen in dem Zustande, der eine Verschmelzung erlaubt. Die Zelle ist es, aus der heraus jedes neue Individuum entsteht. Sollte eine Mischung zweier Individualitäten statthaben, so war der Zeitpunkt dazu dann gegeben, wenn sich jene beiden im status nascendi befanden. Denn hier ist alles noch in der denkbar größten Einfachheit, auf den kleinsten Raum beschränkt, ein Minimum von Mannigfaltigkeit. Leicht vollzieht sich hier, was schon bei einem so wenig differenzierten Organismus, wie die Hydra es ist, kaum vorstellbar gemacht werden könnte. Wenn also Qualitätenmischung nur im Zustande der Einzelligkeit denkbar erscheint, so mußte sie mit der Fortpflanzung zusammengelegt werden, denn nur zu diesem Zeitpunkt sind alle Organismen nichts weiter als eine Zelle.

Damit ist das Problem der geschlechtlichen Fortpflanzung bis zu einem gewissen Grade seiner Lösung entgegengeführt. Wir haben es in seine beiden Komponenten zerlegt, und wir haben eingesehen, warum ihre Verknüpfung nötig war. Dies muß hier genügen. Ich will aber ausdrücklich darauf aufmerksam machen, daß das sexuelle Phänomen hier nur skizzenhaft behandelt werden konnte, nur so weit nämlich, als es zur Aufhellung des Fortpflanzungsproblems geboten war. Der Leser wird ohnehin gemerkt haben, daß die geschlechtlichen Vorgänge in das Gebiet der Vererbung hinüberspielen. Dort wird er ihnen unter anderer Beleuchtung wiederbegegnen; dort werden sie in der ganzen, so überaus interessanten Mannigfaltigkeit ihrer sinnvollen Einzelheiten zu schildern sein.

* * *

Fortpflanzung und Zeugung sind hiermit ihrem Wesen nach dem Leser dargelegt worden. Ich vermute aber, daß mancher der Meinung sei, es fehle noch etwas. Denn unter Zeugung versteht man doch eigentlich etwas, was die bisherigen Ausführungen gar nicht berührt haben. Es ist freilich eine weitverbreitete Ansicht, daß von einem Geschlechtsakt nur da geredet werden könne, wo eine Begattung erfolge. Aber diese Ansicht ist irrig. Doch weil sie so allgemein geteilt wird, möchte es sich lohnen, zu diesem Punkte noch einige Bemerkungen zu machen.

Geschlechtliches Geschehen ist Zellpaarung. Wo immer die Kerne zweier Zellen ihren Chromatinbestand vereinigen, da findet ein Sexualakt statt. Das Charakteristische und Wesentliche jedes geschlechtlichen Vorgangs liegt in nichts anderem wie eben in der durch die Kernvereinigung bewirkten Mischung der Chromosomen zweier Individuen, das heißt aber der von diesen Chromosomen getragenen speziellen und individuellen Eigenschaften. Die beiden Zellen, die sich im Geschlechtsakt vereinigen, können der Gestalt nach einander ganz gleich aussehen. Ein Beispiel hierfür bieten viele niedere Wesen, tierische und pflanzliche, deren Sexualzellen, Gameten genannt, sich voneinander in nichts unterscheiden. Gehen wir in der organischen Welt höher hinauf, so begegnen wir schon nach wenigen Schritten den ersten Andeutungen einer sich vollziehenden Differenzierung der Sexualzellen. Die beiden zur Vereinigung bestimmten Elemente teilen sich in die Arbeit, die sie zu verrichten haben. Demgemäß paßt sich jedes von ihnen den besonderen Funktionen an, die es übernimmt. So bilden sich in allmählichem Übergang die beiden Formen aus, die als Ei und Samenzelle bezeichnet werden. Jetzt erst kann man von geschlechtlicher Differenzierung sprechen, jetzt erst gibt es zwei Arten von Sexualzellen, vorher gab es nur ein Geschlecht, und alle Geschlechtszellen waren einander gleich. Die Differenzierung in zwei Formen von Geschlechtszellen ist für das sexuelle Geschehen keine Notwendigkeit; seine Möglichkeit hängt davon nicht ab. Vielmehr ist der Gegensatz von Ei und Spermie durchaus sekundärer Natur, ein Akzidenz und ein Abgeleitetes. Es ist eine Einrichtung, die im Interesse der Fortpflanzung getroffen wurde. Denn diese zieht den Vorteil daraus, nicht aber wird der Sexualakt selbst davon berührt. Die Ansammlung von Bildungsmaterial für den Aufbau des Keimes war wohl der Beweggrund dafür. Unterschiedlichkeit der sexuellen Zellen konnte daher auch erst hervortreten, als das geschlechtliche Geschehen mit der Fortpflanzung mehrzelliger Gebilde verknüpft wurde. So ergab es sich in der Tat aus unseren Betrachtungen auf Seite 28 ff.

Aber weiter. Differenzierung der Sexualzellen, Ei und Spermatozoon, bedeutet das etwa weiblich und männlich? Durchaus nicht. Da, wo zuerst verschieden gestaltete Geschlechtsprodukte auftreten, erkennen wir auch verschieden gestaltete Geschlechtsorgane, wir nennen sie Eierstock und Hoden. Aber der Gegensatz von Weibchen und Männchen ist damit nicht gegeben. Hier ist eine Hydra, aus der ein Junges hervorknospt. Aber zugleich gewahren wir andere Schwellungen an ihrem Körper, oben unter den Fangarmen einen Kranz von Gebilden, die aussehen wie kleine Brüste und weiter unten noch eine etwas

Abb. 17. Längsschnitt durch eine Hydra. ov = Eierstock; t = Hoden. (Nach Korschelt u. Heider, Entwicklungsgeschichte.)

stärkere Wölbung. Was hat das zu bedeuten? Oben die Organe sind Hoden, und unten befindet sich ein Eierstock: Spermatozoen und Eier an demselben Tier, das zugleich sich auch ungeschlechtlich vermehrt! Wie nennen wir nun diese Hydra, ist sie ein Männchen oder ein Weibchen? Beides zugleich oder richtiger keines von beiden (Abb. 17). Und auch ein Name hat sich dafür gefunden; Zwitter oder Hermaphrodit heißen die Organismen, die beiderlei Geschlechtsprodukte, Ei und Spermatozoen liefern. Viele Tiere und noch mehr Pflanzen sind zwittrig. Bis hoch hinauf in der Entwicklungs-

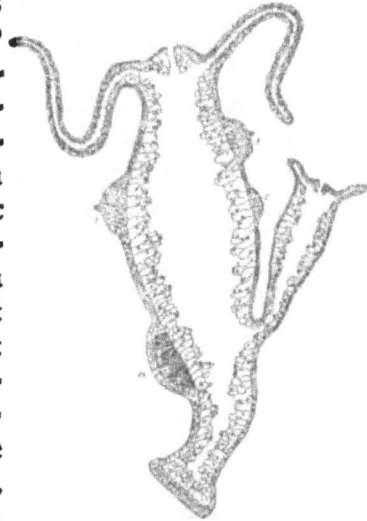

reihe finden sich solche Geschöpfe. Selbst im höchsten Stamm
der Tiere, bei den Vertebraten, gibt es Zwitter, unter den See-
barschen z. B. Serranus scriba. Und von den Pflanzen läßt
sich sagen, daß weitaus die größere Zahl ihrer höchstent-
wickelten Formen hermaphrodit ist: fast alle Phanerogamen
produzieren Pollen und Eier zugleich. Hier wäre es ohne Sinn,
von männlich und weiblich zu reden. Das Tier und die Pflanze
haben kein Geschlecht, ob sie gleich Geschlechtszellen produzieren.
So erhellt, daß Differenzierung der Sexualprodukte nicht gleich-
bedeutend ist mit Differenz geschlechtlicher Individuen.

Nun aber vollzieht sich auch diese Scheidung. Nicht mehr
vermag jedes Individuum beiderlei Geschlechtszellen hervor-
zubringen, sondern es liefert entweder Eier oder Samenzellen.
Das bedeutet eine weitere Teilung der Arbeit, eine Spezialisierung, durch die höhere Leistung erreicht wird. Aber ohne
Zweifel tritt uns hier ein Phänomen entgegen, das noch weniger
ursprünglich ist und noch weniger im Wesen des Sexuellen begründet liegt, als es die Umbildung der Geschlechtszelle zum Ei
und zur Spermie war. Die Aussonderung von Individuen, die
nun ausschließlich Eier oder Samenzellen tragen, ist ein Ereignis, das wiederum um eine Linie von dem ursprünglichen
Zustand weiter absteht: Das Auftreten geschlechtlich differenter Individuen ist tertiärer Natur. Sehen wir uns nun einmal
einen einfachsten Fall dieser Art an, etwa den Seeigel. Gibt
es Merkmale an ihm, die uns erkennen lassen, ob wir ein
Tier mit Eiern oder eines mit Samenzellen vor uns haben?
Wir könnten es stundenlang betrachten und hin und her wenden, niemals würden wir imstande sein, eine Entscheidung darüber zu fällen, solange wir nicht in sein Inneres eindringen.
Von außen sind diese Tiere einander vollkommen gleich, und
wer zu wissen wünscht, welcher Art die Geschlechtszellen sind,
die ein Individuum enthält, der muß ihm die Schale zer-
brechen und seine inneren Organe untersuchen. Da findet er
denn bei dem einen Eierstöcke, beim anderen Hoden mit Samenzellen gefüllt. Nun weiß er, weß Geschlechtes das Tier ist:
jenes ein Weibchen, dieses ein Männchen. Aber woher weiß
er das? Mit welchem Recht gebraucht er diese Namen? Warum sollte gerade jener Seeigel Männchen genannt werden, der

Spermatozoen produziert? Tragen diese etwa männlichen
Charakter an sich? Wären alle Organismen in der gleichen
Lage wie der Seeigel, so hätten die Bezeichnungen männlich
und weiblich offenbar wenig Sinn. Mit genau demselben
Recht könnte das Eier hervorbringende Individuum männlich genannt werden. Denn die Geschlechtsprodukte an sich
sind nicht männlich noch weiblich. Wäre das der Fall,
so dürften z. B. aus parthenogenetisch sich entwickelnden Eiern
nur Weibchen entstehen; das trifft aber, wie allein die Biene
beweist, nicht zu. Wie steht es nun aber mit der Benennung
männlich und weiblich?

Es fällt mir natürlich nicht ein, irgend jemandem das
Recht bestreiten zu wollen, den Seeigel, der Samenzellen
liefert, ein Männchen zu nennen. Er ist ein Männchen. Aber
es ist gut, sich darüber klar zu werden, daß dieser Namen
wiederum abgeleitet ist. Er ist, um es kurz zu sagen, vom
Menschen genommen und von ihm zunächst auf die höheren
Tiere übertragen worden, bei denen die in Betracht kommenden Verhältnisse ähnlich liegen. Die Bezeichnung Mann
und Weib war vorhanden, als über den sexuellen Geschehnissen
noch tiefstes Dunkel lag. Es waren die äußeren Unterschiede,
vor allem die sogenannten sekundären Sexualcharaktere, die
den Grund für jene Unterscheidung abgaben. Sie fallen ja
beim Menschen besonders stark auf und lassen sich bei den
höheren Tieren ohne Mühe wiedererkennen. Je tiefer aber
der Betrachter in der Reihe der Organismen hinuntersteigt,
desto mehr treten diese Besonderheiten zurück, um schließlich
ganz zu verschwinden. Als einziges, wirklich konstantes Unterscheidungsmerkmal bleibt aber die Form der Sexualzellen übrig. Daher wird solchen Individuen, die wie
die Männchen der höheren Tiere Spermatozoen produzieren,
der gleiche Namen beigelegt, andererseits heißen weiblich solche
Individuen, die wie die Weibchen jener Eizellen hervorbringen. Wer nun noch weiter geht, und die Sexualprodukte selbst weibliche und männliche Zellen nennt, der kann
das nur im uneigentlichen Sinn tun: die Zellen selbst sind
weder weiblich noch männlich, sie werden von männlichen
oder weiblichen Individuen hervorgebracht.

Dem Laien wird es immer Schwierigkeiten machen, im Gedächtnis zu behalten, daß gerade das, was am meisten ins Auge fällt und am leichtesten zur Betrachtung gelangt, nur Akzidentien sind, die das Wesen des sexuellen Geschehens gar nicht berühren. Sie alle sind im Lauf der Entwicklung ausgebildet worden, um den Sexualakt selbst und die mit ihm verknüpfte Fortpflanzung zu schützen und zu sichern. Wer diesem Gedanken als Leitfaden folgt, wird sich durch das Labyrinth der komplizierten Einrichtungen, die sich um die Vereinigung der beiden Geschlechtszellen gruppiert haben, mit Sicherheit hindurchfinden. Er wird darüber nicht in Zweifel geraten können, daß sie alle nur als Hilfeleistungen zu beurteilen sind. Es sei gestattet, hierüber noch wenige Worte zu sagen.

Unter den eben angedeuteten Gesichtspunkt ist alles zu stellen, was dazu dient, das Zusammentreffen der Geschlechtszellen zu erleichtern und zu sichern. Bei Organismen niedrigerer Entwicklungsstufen ist noch wenig nach dieser Richtung geschehen. Eine gewisse Affinität ist vorhanden, durch die bewirkt wird, daß zwei Zellen derselben organischen Art bei ihrem Aufeinanderstoßen zusammen bleiben. Die Differenzierung in Ei und Spermazelle bringt dann kleine Fortschritte; es hat sich gezeigt, daß Eizellen Stoffe ausscheiden, die auf die Spermatozoen anziehend einwirken. Aber natürlich sind solche Mittel nur in sehr beschränktem Umfang verwendbar. Im großen und ganzen regiert hier der Zufall. Der Leser stelle sich nur folgendes vor. Seesterne und Seeigel, also immerhin Tiere, die nicht mehr auf den niedrigsten Organisationsstufen stehen, entlassen ihre Sexualzellen einfach ins Wasser. Ihre Ovarien und Hoden münden direkt nach außen, und wenn die Zellen reif geworden sind, so stößt sie das Tier aus seinem Körper aus, ohne sich im mindesten darum zu kümmern, was aus ihnen wird. Die Eier, die unbeweglich sind, sinken langsam zu Boden. Die Spermatozoen schwimmen eine kleine Weile umher, bis ihre Bewegungsenergie verbraucht ist; sind sie bis dahin nicht auf ein Ei getroffen, so gehen sie zugrunde. Freilich leben diese Tiere stets in Mengen zusammen. Aber wie günstig muß der Zufall walten, wenn eine Befruchtung gelingen soll. Es müssen Individuen verschiedenen Geschlechts dicht nebeneinander sitzen, sie müssen ungefähr zur selben Zeit ablaichen, die Samenzellen müssen sich in der Richtung bewegen, in der die Eier schweben. Und dann erscheint es immer noch fast wunderbar, daß diese winzigen Gebilde sich treffen; die Größe des Raumes, die Störungen durch die hin und her sich bewegenden Tiere, die Gefahren des Gefressenwerdens, all das wirkt dem entgegen. In der Tat wenig besorgt zeigt sich hier die Natur um ihre Geschöpfe. Und trotzdem bevölkern sie in großen Mengen das Meer. Welchem Umstande verdanken sie das? Sie sind enorm fruchtbar. Zu allen Zeiten des Jahres fast bringen sie Geschlechtszellen hervor in einer Anzahl, die fast unheimlich ist: Millionen und Millionen senden sie fort und fort hinaus. So wird auch ein geringer Prozentsatz geglückter Befruchtungen den Bestand und die Ausdehnung der Art sichern. Aber dies ist wohl auch das einzige Mittel hierzu, das solchen Tieren zu Gebote steht. Gewiß ein noch primitiver und roher Modus.

Sinnreich und mannigfaltig sind aber die Einrichtungen, die sich an höheren Organismen ausgebildet haben, um die zur Fortpflanzung nötige Zellvereinigung mit wachsender Sicherheit herbeizuführen. Ein Buch ließe sich darüber schreiben. Ich hebe nur einige Beispiele hervor, die als Typen dienen mögen. Die meisten Fische benehmen sich etwa so: Das Weibchen läßt seine Eier, oft an einer geschützten Stelle, ins Wasser abgehen, dann schwimmt der männliche Fisch über den Laich weg und strömt dabei seinen Samen aus. Diese Methode ist immer noch unsicher genug; aber meist gesellen sich dem Weibchen zur Laichzeit ein oder mehrere Männchen bei, die es nicht eher verlassen, bis die Ablage erfolgt ist; so ist hier für die Befruchtung der Eier schon weit besser gesorgt. Sogleich nimmt dann auch die Zahl der produzierten Eier rapid ab. Ein Salmenweibchen z. B. legt 20,000 bis 30,000 in einer Laichperiode ab und wiederholt dies höchstens dreimal in seinem Leben. Wieder um einen Grad besser gestellt ist der Frosch. Gegen Ende des Winters verläßt er sein Erdloch und begibt sich zum Wasser. Rückt die Zeit näher, da Eier und Samen zur Ablage drängen, so ersteigt das Männchen den Rücken des Weibchens, umklammert es mit seinen vorderen Extremitäten dicht hinter dem Schultergürtel und hält es so in schwer zu lösender Umarmung fest. Besondere Haftorgane wachsen ihm zu dieser Zeit, dicke Schwielen an den Daumen der Hand; sie preßt er in den weichen Körper des Weibchens ein, und wie groß die Kraft seiner Umklammerung ist, wird jeder spüren, der einmal versucht, zwei Frösche in Kopula zu trennen. Tagelang hockt nun der Frosch auf dem Rücken des Weibchens und wartet, bis es die Eier austreten läßt. Geschieht dies, so begießt er sie sofort mit seinem Samen: Eier und Spermatozoen kommen so in sichere Berührung miteinander. Groß ist denn auch die Zahl der jungen Larven in unsern Gewässern, obgleich das Gelege eines Froschweibchens nur von mäßigem Umfang ist.

Bei den bisher erwähnten Tieren vollzieht sich die Befruchtung der Eier und die Entwicklung der Keime außerhalb der Mutter. Die Eier werden also unbefruchtet abgelegt, und wenn auch der Samen unmittelbar danach über sie ausgegossen wird, so wird doch allein die Notwendigkeit seiner Verteilung über eine verhältnismäßig große Fläche bewirken, daß manches Ei übergangen wird. Diese Eventualität verringert sich erheblich, sobald der Samen in das Innere des Weibchens gelangt. Das kann auf verschiedene Art erreicht werden. Ein weitverbreitetes Mittel dazu bilden die Spermatophoren oder Samenträger. Das sind Gebilde, die mit zahlreichen Spermatozoen erfüllt von dem Männchen ausgestoßen werden. Oft besitzen sie die Fähigkeit, sich fortzubewegen. Sie bringen dann aktiv durch eine Öffnung in das Weibchen ein und geben dort ihre Samenzellen frei. In anderen Fällen stellen sie sich als eine Kapsel dar, die unbeweglich ist und daher vom Weibchen aufgenommen werden muß. So ist es z. B. bei unserem Wassermolch, dem Triton. Wenn die Zeit des Laichens herannaht, so legen die Männchen ihr Hochzeitskleid an: Sie färben sich lebhaft rot und blau, insbesondere auf der Unterseite. Nun umspielen sie das Weibchen, schwimmen fortwährend um es herum, führen förmliche Liebestänze vor ihm auf. Langsam gerät das Weibchen in Erregung, und sobald diese eine gewisse Intensität erlangt hat, deponiert das Männchen seine Spermatophore vor seinen Blicken auf den Boden und das Weibchen nimmt sie, darüber hingleitend, in sein Inneres auf. Demgemäß sind die Eier der Tritonen bei der Ablage schon befruchtet; sie haben dadurch einen Vorzug vor denen der Frösche, für die die Chance, unbefruchtet zu bleiben und dann nicht zur Entwicklung zu kommen, erheblich größer ist.

Natürlich ist der Weg der direkten Einführung der Samenzellen in die weiblichen Organe der sicherste. Bei den höheren Tieren ist er der gewöhnliche, aber auch niedere Organismen haben ihn betreten. Zu diesem Zweck sind dann besondere Begattungsorgane gebildet, die bei den Männchen als Penis, bei den Weibchen als Scheide bezeichnet werden. Diese Organe sind wieder mit besonderen Einrichtungen ausgestattet, durch die sie für ihre Funktion tauglich gemacht werden. Eine nicht unerhebliche Rolle spielen dabei Organe, die erotische Wirkungen hervorbringen. Es gibt z. B. Tiere, bei denen die Ausführgänge der Geschlechtsorgane mit Drüsen in Verbindung stehen, welche stark duftende Sekrete liefern, es sei nur an den Biber und das Moschustier erinnert. Die Erregung erotischer Gefühle ist aber durchaus nicht das Privileg der höchsten Tiere. Nicht einmal auf solche ist sie beschränkt, die einen wirklichen Begattungsakt ausüben. Ich führe als Beleg den Salmen an: zwischen den Männchen dieser Fische kommt es zu den heftigsten Kämpfen, die oft genug mit dem Tode des einen Rivalen enden. Und doch streiten sie durchaus nicht um den Besitz des Weibchens, sondern nur darum, dessen schon abgelegten Laich mit ihrer „Milch" übergießen zu dürfen. Selbst Geschöpfe, die erheblich unter den Wirbeltieren stehen, überraschen durch die Kompliziertheit, mit der sich bei ihnen diese Vorgänge abspielen. Unsere Weinbergschnecken z. B. sind zweifellos höchst wollüstige Tiere. Sie sind zwittrig, befruchten sich aber nicht selbst, sondern funktionieren einmal als Weibchen, das andere Mal als Männchen. Der Begattung geht ein umständliches Liebesspiel voraus, bei dem ein besonderes Organ, der sogenannte Liebespfeil, die Rolle eines erotischen Erregers spielt.

Dieses Kapitel bietet eine Fülle interessanter Tatsachen; hier mögen die gegebenen Andeutungen genügen. Sie sollen nur dazu dienen, den Leser darauf aufmerksam zu machen, daß alle diese gemeinhin als geschlechtlich schlechthin bezeichneten Dinge bei genauerem Zusehen sich als Hilfseinrichtungen erweisen, die deshalb getroffen sind, um die Erzielung von Nachkommen möglichst zu sichern. Mit der steigenden Differenzierung der tierischen Organismen geht eine Verminderung in der Produktion der Fortpflanzungszellen einher. Daß trotzdem die Zahl der erzeugten Individuen außerordentlich groß sein kann, liegt einmal daran, daß hier die bei niederen Organismen unvermeidliche Verschwendung von Geschlechtsprodukten auf ein Minimum reduziert werden kann, sodann aber auch an der größeren Sicherheit und Sorgfalt, die der Keim und das Junge genießen. Es ist klar, daß die Säugetiere auch hierin die relativ höchste Stufe erreicht haben. Unter ihnen nimmt wiederum der Mensch eine einzigartige Stellung ein, insofern bei ihm allein unter allen Geschöpfen die Produktion von Nachkommen nicht mehr eine Sache rein reflektorischer Vorgänge ist, sondern bis zu einem gewissen Grade der Einwirkung des Verstandes unterworfen werden kann. Der Mensch allein kann den Akt der Zeugung mit dem vollen Bewußtsein seiner umfassenden Bedeutung vollziehen.

Regiſter.

www.ingramcontent.com/pod-product-compliance
Lightning Source LLC
Chambersburg PA
CBHW021944220326
41599CB00013BA/1673